Alireza Jafari
Seyed Ahmad Alavi

Crescimento inteligente na luta contra a expansão

Alireza Jafari
Seyed Ahmad Alavi

Crescimento inteligente na luta contra a expansão

ScienciaScripts

Imprint

Any brand names and product names mentioned in this book are subject to trademark, brand or patent protection and are trademarks or registered trademarks of their respective holders. The use of brand names, product names, common names, trade names, product descriptions etc. even without a particular marking in this work is in no way to be construed to mean that such names may be regarded as unrestricted in respect of trademark and brand protection legislation and could thus be used by anyone.

Cover image: www.ingimage.com

This book is a translation from the original published under ISBN 978-3-330-32084-0.

Publisher:
Sciencia Scripts
is a trademark of
Dodo Books Indian Ocean Ltd. and OmniScriptum S.R.L publishing group

120 High Road, East Finchley, London, N2 9ED, United Kingdom
Str. Armeneasca 28/1, office 1, Chisinau MD-2012, Republic of Moldova, Europe
Printed at: see last page
ISBN: 978-620-7-27020-0

Esta página foi intencionalmente deixada em branco

Conteúdo

Capítulo 1. ESPADA

O que é a expansão?

De acordo com Gregory Squires, editor de *Urban Sprawl: Causes, Consequences, and Policy Responses,* "a expansão pode ser definida como um padrão de crescimento urbano e metropolitano que reflecte um novo desenvolvimento de baixa densidade, dependente de automóveis e excludente, na periferia de áreas povoadas, frequentemente em torno de uma cidade em deterioração" (2002:2). Há uma multiplicidade de características frequentemente associadas à expansão urbana, incluindo, mas não se limitando a:

extensão descontrolada do desenvolvimento para o exterior; desenvolvimento habitacional e comercial de baixa densidade; desenvolvimento em saltos, "cidades periféricas" e, mais recentemente, "cidades sem margens"; fragmentação do planeamento do uso do solo entre vários municípios; dependência de automóveis particulares para o transporte; grandes disparidades fiscais entre municípios; segregação de tipos de uso do solo; habitação e emprego excludentes com base na raça e na classe; congestionamento e danos ambientais; e um sentimento de comunidade em declínio entre os residentes da área. (Squires, 2002:2)

"A presença de expansão pode parecer óbvia quando se passa de carro por um centro comercial suburbano, mas a medição efectiva dos padrões de desenvolvimento para análise empírica é uma tarefa extremamente difícil e complexa devido à natureza multifacetada da expansão" (Ewing et al, 2003:9). Para esse efeito, Ewing, Pendall e Chen desenvolveram um índice composto por quatro factores baseados em 22 variáveis para caraterizar empiricamente e operacionalmente o grau de expansão de uma cidade. Esses quatro factores, a densidade residencial; a mistura de empregos, casas e serviços nos bairros; a força dos centros de atividade e dos centros das cidades; e a acessibilidade das redes de ruas, ajudam a definir melhor a expansão, a fim de obter uma "imagem detalhada do desenvolvimento alastrante em várias áreas metropolitanas" (Ewing et al, 2003:9).

O primeiro destes factores, a densidade residencial, é considerado por muitos estudiosos como a medida mais adequada da expansão urbana. Os níveis de densidade residencial são medidos calculando a quantidade de unidades de habitação por acre. As zonas de expansão são marcadas por baixos níveis de densidade residencial e são frequentemente caracterizadas por "subdivisões suburbanas espalhadas" (Ewing et al, 2003:9). Nestas zonas de expansão, os residentes têm de conduzir, por vezes distâncias significativas, para chegar ao seu local de trabalho, escola ou centro comercial. Esta separação de usos do solo não só cria frustração para os automobilistas, como também cria um "desequilíbrio entre emprego e habitação" numa comunidade (Ewing et al, 2003:10). Ao misturar os usos do solo, estes locais podem ser colocados mais perto de casa e limitar significativamente os tempos de condução para os residentes de uma comunidade. O segundo fator, a mistura de empregos, casas e serviços na vizinhança, calcula a quantidade de usos mistos do solo numa determinada área. As comunidades com baixos níveis de usos mistos do solo tendem a ser as mais dispersas.

Centros metropolitanos e centros da cidade fortes ajudam a fortalecer o ambiente de negócios de uma comunidade, aumentam as oportunidades de recreação e entretenimento para seus residentes e fornecem várias alternativas de transporte para a área. O terceiro fator calcula a força dos centros de atividade e dos centros da cidade, medindo estas concentrações. As áreas de expansão não têm centros metropolitanos fortes, mas exibem "centros de faixas intermináveis" localizados ao longo das principais auto-estradas da comunidade, ilustrados por comunidades como a minha cidade natal, Birmingham, Alabama.

Embora esteja documentado que os residentes de zonas em expansão conduzem mais do que os residentes de zonas com um desenvolvimento mais compacto, têm frequentemente dificuldade em navegar nas estradas da sua comunidade. Este problema persiste em muitas comunidades em expansão devido aos seus baixos níveis de conetividade das ruas. Em termos simples, para irem do "Ponto A" ao "Ponto B", os trabalhadores pendulares das comunidades em expansão têm de seguir percursos de ida e volta. O quarto fator, a acessibilidade das redes de ruas, mede o grau de conetividade das ruas dentro de uma determinada área. Os residentes de comunidades com baixos níveis de conetividade das ruas terão de suportar tempos de condução mais longos quando percorrem distâncias curtas, em comparação com os residentes de comunidades com elevados níveis de conetividade das ruas.

As causas da expansão

[th]Resultado de muitos factores que contribuíram para o movimento suburbano em curso, que teve início no final do século XIX, a expansão urbana começou a tomar conta da paisagem americana após a Segunda Guerra Mundial. A preferência dos residentes das classes média e alta por se deslocarem da cidade para os subúrbios não deve ser a única culpada pela expansão resultante. Em vez disso, os catalisadores do movimento, como a política

federal de habitação, o sistema interestatal e a fragmentação municipal, deram aos promotores imobiliários o ímpeto para construírem as grandes comunidades de estilo "leap-frog", que são habitualmente definidas como "sprawl".

Política de habitação

Talvez o maior facilitador da expansão urbana tenha sido o governo federal dos EUA. Em resposta à Grande Depressão da década de 1930, o governo federal criou uma agência conhecida como Home Owners Loan Corporation. Embora a HOLC não tenha conseguido cumprir a tarefa que lhe competia (criar empregos através do crédito à habitação), estabeleceu um sistema de avaliação que foi adotado por muitas das instituições financeiras responsáveis pelo crédito à habitação. A HOLC utilizou vários factores para determinar o valor monetário das casas e dos bairros de uma determinada área. Para além da densidade populacional, da idade do parque habitacional e da proximidade dos serviços pretendidos, o sistema universal de avaliação da HOLC incluía meios raciais como indicador da qualidade do bairro (Jackson, 1985).

Pouco tempo depois do estabelecimento indireto das normas de avaliação da HOLC, foi criada outra entidade governamental, a Federal Housing Administration, para assegurar financeiramente os empréstimos feitos aos cidadãos por investidores hipotecários. Assumindo todo o risco dos bancos, a FHA permitiu que essas instituições reduzissem as entradas e alongassem os prazos dos empréstimos. Como resultado desses procedimentos, as taxas de juros caíram. O mercado da habitação tornou-se cada vez mais fácil de aceder, e uma grande parte da classe trabalhadora podia agora comprar a sua própria casa a custos inferiores ou equivalentes ao pagamento da renda da sua residência anterior. De acordo com o Bio-Diversity Project (BDP), o código do imposto federal sobre o rendimento permite que os proprietários deduzam o montante dos juros pagos sobre a sua hipoteca, "subsidiando assim os proprietários em detrimento dos arrendatários e, consequentemente, os subúrbios em detrimento das zonas urbanas" (2001:3). Além disso, em 1951, o Internal Revenue Service adoptou uma prática que permitia aos proprietários ficarem isentos do imposto sobre as mais-valias na venda da sua casa se a compra seguinte fosse de valor igual ou superior. "Através de vários tipos de subsídios e financiamento de infra-estruturas, os subúrbios expandiram-se para a classe média em detrimento dos mercados do centro da cidade" (Burchell et al, 2000: 822). Inundações de pessoas fugiam agora da cidade em busca de casas unifamiliares isoladas em comunidades calmas.

Surpreendentemente, os empréstimos não foram concedidos a todos. Jackson afirma, no seu livro *Crabgrass Frontier, que* "a FHA receava que uma área inteira pudesse perder o valor do seu investimento se não fosse mantida uma separação rígida entre brancos e negros" (1985:208). Temendo uma diminuição do valor da terra, bem como uma diminuição do interesse das famílias brancas em viver em comunidades com famílias de cor, os bancos evitaram emprestar dinheiro aos negros. De facto, foram encorajados a continuar esta prática pelo governo federal, porque o FHA lhes permitia utilizar pactos raciais para manter a homogeneidade racial. Ao mesmo tempo, as famílias de rendimentos baixos e moderados, na sua maioria negras, "foram encorajadas a permanecer nas cidades centrais através de programas de habitação pública e de construção de casas de aluguer/propriedade" (Burchell et al, 2000:822; von Hoffman, 1996). Os efeitos desta política repercutem-se no presente, uma vez que os negros constituem a maioria dos residentes nos centros urbanos, enquanto a maioria dos residentes nos subúrbios é branca.

O automóvel e o sistema interestadual

Para além da política federal de habitação, o automóvel permitia aos seus utilizadores atravessar grandes quantidades de terreno ao seu próprio ritmo e tempo. Os automóveis estavam a tornar-se predominantes entre as famílias americanas e os veículos maiores, chamados camiões, eram um sucesso entre as empresas industriais devido à sua capacidade de transportar grandes quantidades de carga de forma mais económica. Esta capacidade permitiu que os residentes se deslocassem da cidade para se instalarem nos subúrbios, bem como que a indústria se desconcentrasse, deslocando as suas fábricas para a periferia da cidade e operando como pequenas comunidades funcionais.

Na década de 1950, o governo federal instituiu uma iniciativa de investimento público maciço em infra-estruturas rodoviárias. Foi criado um sistema interestadual, com 41.000 quilómetros de estradas, que foi possível graças às receitas gerais dos contribuintes. Esta iniciativa solidificou a utilização do automóvel como principal meio de transporte e desencorajou o financiamento público de sistemas de transporte coletivo. Durante o período de 1960 a 1990, foram gastos mais de 650 mil milhões de dólares para construir e melhorar o sistema rodoviário federal, enquanto apenas 85 mil milhões de dólares foram gastos para apoiar a construção e manutenção de sistemas de transportes públicos (BDP, 2001). Esta tendência de despesa manteve-se e foi mesmo reforçada ao longo da última década. Desde 1996, a despesa federal em alternativas de transporte diminuiu 19% e a despesa federal em melhoramentos e alargamento de auto-estradas aumentou 21% (BDP, 2001).

Com efeito, estas despesas subsidiaram e encorajaram as deslocações de automóvel e, consequentemente, desencorajaram a necessidade de os promotores se concentrarem no desenvolvimento compacto.

Além disso, os custos de transporte diminuíram nas últimas décadas. No passado, as empresas optavam por se localizar em zonas que minimizassem os seus custos totais de transporte. No entanto, as novas tecnologias permitem atualmente que as mercadorias sejam expedidas a baixo custo ou sem qualquer custo. Além disso, a mudança de uma indústria baseada em grande parte na extração de matérias-primas foi substituída por uma concentração na produção de actividades de elevado valor, a fim de se adaptar ao novo mercado global. Consequentemente, os custos de produção de uma empresa ultrapassam atualmente os seus custos de transporte. Sem atribuir uma prioridade elevada aos custos de transporte, as empresas tornaram-se "livres", o que lhes permite localizarem-se onde quiserem. Devido à elevada prioridade atribuída à produção destas actividades de elevado valor, as empresas deslocam-se agora para onde o mercado de trabalho é mais forte. Por conseguinte, muitas empresas optam por se instalar em comunidades suburbanas para atrair os trabalhadores mais qualificados e altamente qualificados (Hall, 2006).

Fragmentação municipal

A área de expansão suburbana tinha-se tornado um jogo justo para o público em geral, pelo menos para aqueles que tinham permissão e podiam dar-se ao luxo de se mudar (Jackson, 1985). [th]medida que mais áreas residenciais suburbanas começaram a formar-se e a crescer na segunda metade do século XX, estas comunidades começaram a distanciar-se das suas cidades centrais, incorporando-se nas suas próprias cidades. Com esta mudança, estas comunidades, na sua maioria brancas e mais ricas, podiam agora cobrar os seus próprios impostos, prestar os seus próprios serviços públicos e incentivar o seu próprio desenvolvimento económico sem a influência da cidade maior que as rodeia. Por conseguinte, a fragmentação dos municípios recentemente incorporados aumentou ainda mais a estratificação racial e de classe. Muitas comunidades também desenvolveram políticas de zonamento que exigiam ruas largas, recuos em grandes lotes e regulamentos de estacionamento que favoreciam os grandes centros comerciais (BDP, 2001). Além disso, as novas habitações construídas na periferia destas comunidades estão a ser construídas apenas para os que têm rendimentos de classe média e média-alta. As pessoas ricas continuarão a afastar-se da cidade, criando ainda mais novas comunidades que acabarão por se incorporar e, assim, corroer ainda mais a base fiscal cada vez menor do centro da cidade (Jargowsky, 2002).

Os efeitos da expansão

Os efeitos da expansão urbana nas comunidades de qualquer região metropolitana dos Estados Unidos são abundantes e de grande alcance. Desde as preocupações com a saúde pública à poluição ambiental, passando pelas elevadas concentrações de pobreza e estratificação da riqueza e pela inadequação dos serviços públicos, a sociedade em expansão reduz a capacidade dos seus cidadãos para receberem serviços equitativos. A expansão dificulta a construção e a manutenção das infra-estruturas de desenvolvimento necessárias, como estradas e esgotos, e impede o sistema de ensino público americano de proporcionar a todos os seus cidadãos oportunidades iguais para uma educação adequada.

Efeitos na saúde pública

Com o crescimento contínuo das áreas metropolitanas, os problemas de saúde pública aumentam e intensificam-se. Os bairros em expansão, com grandes lotes e árvores como limites, isolam socialmente uma família da outra. Muitas áreas urbanas são construídas até à sua capacidade máxima, não deixando qualquer espaço verde. Isto, por sua vez, limita as oportunidades de actividades recreativas nesses bairros e zonas urbanas. Especificamente, as crianças, que têm mais tempo para se dedicar a actividades recreativas, têm menos oportunidades de fazer exercício, de brincar ao ar livre com os amigos ou de desenvolver um sentido de independência (Helling, 2002). O declínio da saúde geral dos residentes dos subúrbios, associado ao facto de os residentes dos subúrbios terem mais capacidade financeira para pagar os serviços de saúde, criou um incentivo para que os prestadores de cuidados de saúde abandonassem o centro da cidade e se mudassem para os subúrbios. Como resultado, os habitantes dos guetos pobres das cidades perdem o acesso aos prestadores de cuidados de saúde, o que, combinado com a elevada densidade populacional do centro da cidade, cria um ambiente propício à propagação de doenças (Shobba et al., 2003).

O estudo do índice de expansão realizado por Ewing, Pendall e Chen mostrou uma forte relação entre a quantidade de expansão numa área e a quantidade de poluição que afecta essa área no que diz respeito aos níveis variáveis de ozono. Por cada aumento de 25 pontos (indicando menos expansão) na pontuação de expansão de uma cidade, os níveis máximos de ozono (os níveis considerados mais perigosos na escala de deteção do ozono) dessa cidade diminuíram em média 7,5 partes por bilião (2003). Além disso, os níveis máximos de ozono entre as zonas com maior expansão e as zonas com menor expansão diferiam em média 41 partes por mil milhões (2003). De acordo com o estudo, os níveis elevados de ozono "demonstraram ser perigosos para as crianças, os idosos, as pessoas que sofrem de asma e outras populações vulneráveis" (2003:21).

Os padrões de desenvolvimento irregular e disperso aumentam a utilização do automóvel. O resultado deste aumento é multifacetado. O aumento da utilização do automóvel provoca a deterioração do ozono e do smog, o que, por sua vez, coloca as pessoas em risco de desenvolver doenças respiratórias e cancro da pele (BDP, 2001). Todos os anos, os automóveis emitem mais de 60 milhões de toneladas de monóxido de carbono (BDP, 2001). Sendo um gás altamente tóxico, o monóxido de carbono tem sido associado a problemas como a deficiência visual, a redução da funcionalidade motora muscular e, em doses elevadas, a exposição ao monóxido de carbono pode ser fatal (BDP, 2001). Em geral, os poluentes atmosféricos emitidos pelos automóveis são responsáveis por 20.000 a 40.000 casos anuais de doenças respiratórias crónicas (Institute for Transportation Standards, 1995). É também de salientar que o tempo adicional passado a conduzir ou a andar de carro diminui o tempo que as pessoas têm para caminhar ou participar em actividades de lazer. Esta tendência alarmante é considerada um fator que contribui para a epidemia de obesidade a nível nacional.

Efeitos nos transportes

De acordo com Ewing, Pendall e Chen (2003), as cidades com baixas pontuações de factores (indicando maior expansão), calculadas através do seu índice de expansão de quatro factores, observam uma diminuição de mais de 250% na quantidade de residentes que se deslocam para o trabalho utilizando meios de transporte público, em comparação com as cidades com pontuações de factores elevadas. Por cada aumento de 25 pontos no fator de densidade residencial de uma cidade (que, por acaso, é uma escala infinita), a percentagem de pessoas que optam por utilizar os transportes públicos aumentou 3% (Ewing et al, 2003).

Além disso, "os locais em expansão têm mais probabilidades de ter mais mortes no trânsito per capita do que as regiões mais compactas, devido a taxas mais elevadas de utilização de veículos e talvez a uma condução mais agressiva" (Ewing et al, 2003). Por exemplo, na região mais extensa, de acordo com o Índice de Expansão de Ewing et al., Riverside, CA, a taxa de mortes no trânsito é de 18 por cada 100 000 habitantes por ano. Nas regiões com menor expansão, essa taxa desce para 8 por cada 100 000 habitantes

(2003). Além disso, as comunidades com níveis elevados de densidade residencial e centros metropolitanos fortes podem esperar ter uma média de menos 5 mortes por cada 100 000 habitantes por ano devido à redução da velocidade média do tráfego do que as comunidades com níveis baixos de densidade residencial e centros metropolitanos fracos (Ewing et al, 2003).

De acordo com o Inquérito às Despesas do Consumidor de 2003 do Bureau of Labor Statistic, o Center for Neighborhood Technology (CNT) e o Surface Technology Transportation Project (STTP) referem que "o custo da gasolina e do óleo de motor representa aproximadamente 16% das despesas de transporte de uma família" (CNT/STTP, 2000:5). Se se considerar apenas um modesto aumento de 30% no custo desta despesa, o custo total das despesas anuais de transporte de um agregado familiar aumentaria cerca de 5% (CNT/STTP, 2000). "Isto deixa uma parte menor do rendimento disponível para outras necessidades, incluindo poupanças para a reforma, custos crescentes dos cuidados de saúde e fundos para a universidade" (CNT/STPP, 2000:5). Dado o aumento do custo do petróleo e da gasolina, as famílias com rendimentos mais baixos são mais afectadas. Para os agregados familiares com um orçamento limitado (menos de $52.000), "gastar mais $30 - $50 por mês em gasolina reduz o rendimento mensal de uma família, depois de impostos, em 1,1% (CNT/STPP, 2000:10). Para reforçar este ponto, as famílias com rendimentos mais baixos gastam anualmente cerca de 4% do seu rendimento total em despesas com petróleo e gasolina, contra apenas 2,3% do rendimento familiar gasto pelas famílias com rendimentos superiores a 52 000 dólares (CNT/STPP, 2000). Se juntarmos a isto o facto de os rendimentos das famílias dos operários não terem aumentado ao mesmo ritmo que os rendimentos das famílias dos operários, o fosso entre a capacidade de despesa das famílias com baixos rendimentos e as famílias com rendimentos elevados continuará a aumentar (CNT/STPP, 2000).

Efeitos no ambiente natural

As zonas em expansão também contribuem para a perda e fragmentação dos habitats de muitos animais e insectos. À medida que os padrões de desenvolvimento em expansão infringem os habitats naturais, muitas espécies da zona desaparecem. "Durante o próximo meio século, 30% das espécies vegetais e animais do país estão em risco de desaparecer e mais de 500 espécies estão desaparecidas ou podem já estar extintas" (Ewing & Kostyack, 2005:7). Este fenómeno ocorre porque o desenvolvimento físico destes habitats elimina tanto os enclaves onde estas espécies residem como as fontes de alimento que necessitam de consumir para viver. Como resultado, estas espécies têm então de competir por abrigo e alimento numa área de terreno muito mais pequena. Por conseguinte, estas espécies têm de competir pelos recursos cada vez mais escassos da zona, correndo o risco de morrer, ou são forçadas a fugir completamente da zona.

O desenvolvimento em expansão também perturba o ciclo natural do nosso ecossistema. Os ciclos naturais de incêndios e inundações podem ser perturbados à medida que as florestas e os riachos são limpos para dar lugar a casas e pavimentos. É interessante notar que "numerosas espécies de plantas dependem do fogo para germinar e reciclar nutrientes de volta ao solo, e a falta de fogo pode alterar substancialmente a composição de espécies de um ecossistema" (BDP, 2001:2). À medida que continuamos a desenvolver-nos em cima de zonas húmidas e bacias hidrográficas, "perdemos os serviços críticos que estes sistemas fornecem, como a filtragem da nossa água potável e o reabastecimento dos nossos lençóis freáticos" (BDP, 2001:2). Para além disso, ao pavimentarmos os terrenos naturais, diminuímos a capacidade de absorção de água da terra e, assim, "aumentamos a taxa de escoamento da água das tempestades e do degelo" (BDP, 2001:2). O excesso de escoamento aumenta a taxa de inundações numa determinada área. Além disso, este escoamento é suscetível de transportar os vários produtos químicos, venenos e poluição gerados pela vida suburbana.

Os padrões de desenvolvimento em expansão também diminuem a quantidade de terras agrícolas e de espaços abertos disponíveis para a sociedade. Só na última década, os Estados Unidos perderam mais de 1 milhão de hectares de terras agrícolas para utilizações urbanas (BDP, 2001). Em consequência, a quantidade de terras agrícolas exploráveis diminui e os rebanhos de animais que antes percorriam estas áreas de campos são deslocados. A menos que os padrões de desenvolvimento se alterem, esta tendência irá certamente manter-se. As terras agrícolas estão normalmente localizadas em terrenos planos e perto de fontes de água. Infelizmente, estas parcelas são também apetecíveis para os promotores imobiliários. Outros espaços abertos dentro ou adjacentes a urbanizações urbanas e suburbanas, como parques, prados e bosques, proporcionam habitats para animais e insectos, bem como elementos naturais que as pessoas podem utilizar e desfrutar. Com demasiada frequência, os padrões de desenvolvimento em expansão eliminam estes espaços. De acordo com um relatório publicado pelo Transit Cooperative Research Program (TCRP), "nos próximos 35 anos, os Estados Unidos converterão 18,8 milhões de acres de terras agrícolas e espaços abertos" para usos residenciais, comerciais e de entretenimento

(2002:9). Este número é "determinado pela tradução das projecções de agregados familiares e emprego do Center for Urban Policy Research na procura de terrenos residenciais e não residenciais" (TCRP, 2002:9).

Efeitos dos imóveis devolutos numa cidade

De acordo com a Campanha Nacional de Propriedades devolutas (NVPC), as propriedades devolutas podem ser definidas como:

Edifícios abandonados e com tábuas; lotes não utilizados que podem atrair lixo ou detritos; propriedades comerciais devolutas ou com fraco desempenho, conhecidas como campos cinzentos (tais como centros comerciais subarrendados e propriedades comerciais em banda); e propriedades industriais negligenciadas com contaminação ambiental, conhecidas como campos castanhos (2005:1).

Há muitas razões para o abandono de uma propriedade, mas a mais prevalente é o facto de o arrendamento e a manutenção da propriedade abandonada custarem mais do que o valor real da propriedade em si. "O mais importante para uma cidade que enfrenta problemas de abandono é que, quanto mais tempo um imóvel permanece abandonado, mais elevado é o custo da sua renovação" (NVPC, 2005:2). Por conseguinte, as autarquias locais têm de resolver os problemas causados pelos imóveis abandonados, uma vez que estes podem acarretar inúmeros custos para a cidade. As propriedades abandonadas sobrecarregam os recursos dos bombeiros da cidade com o aumento de incêndios acidentais e de fogo posto, dos serviços de polícia da cidade com o aumento da atividade criminosa e dos serviços de saúde da cidade com o aumento do lixo e das infestações de roedores. Os imóveis devolutos também reduzem o montante das receitas do imposto predial e do imposto sobre as vendas de uma cidade. Em primeiro lugar, muitas destas propriedades são consideradas como estando em situação de incumprimento fiscal. Os direitos sobre os imóveis em situação de incumprimento fiscal são transferidos para a cidade, que deve então tentar vender o imóvel a um potencial inquilino. Em segundo lugar, "as propriedades devolutas geram pouco em impostos - mas, talvez mais importante, roubam o valor das casas e empresas circundantes" (NVPC, 2005:9). Os imóveis devolutos também impõem custos adicionais aos proprietários de casas e empresas nas proximidades. Por exemplo, os proprietários de casas e empresas localizadas perto de propriedades abandonadas podem esperar que os seus prémios de seguro aumentem (NVPC, 2005). Os imóveis devolutos afectam a qualidade de vida dos residentes e inquilinos das redondezas, podendo forçá-los a abandonar a zona, o que resulta em mais imóveis devolutos. Se não for tratada, esta tendência pode ser difícil de inverter numa cidade.

Efeitos sobre a estratificação social e a fragmentação do governo

Mesmo com o declínio da segregação residencial ao longo das linhas raciais nos últimos 30 anos, a concentração da pobreza no centro da cidade aumentou. De acordo com Jargowsky, aqueles que podiam dar-se ao luxo de escapar aos limites da cidade e mudar-se para a paisagem suburbana em expansão fizeram-no. Embora menos pessoas vivam atualmente no centro da cidade, as que ficaram para trás são na sua maioria pobres. No entanto, as novas habitações construídas na periferia da região em expansão tendem a ter preços elevados e a ser destinadas a residentes da classe média e média alta (2002). Consequentemente, os emigrantes recentes que se instalaram em habitações nos subúrbios da periferia poderão em breve encontrar-se numa posição semelhante àquela que desocuparam recentemente.

Além disso, as novas comunidades suburbanas que se formam devido à expansão tendem a incorporar-se, resultando assim na fragmentação dos municípios. Sem a possibilidade de cobrar impostos aos indivíduos mais ricos que residiam dentro dos limites da cidade, as bases tributárias das comunidades do centro da cidade continuarão a sofrer uma erosão. Embora esta tendência facilite que cada subúrbio se governe a si próprio, a fragmentação municipal incentiva os subúrbios a competirem entre si por receitas fiscais suficientes para prestarem adequadamente os serviços desejados aos seus residentes (Orfield, 2002). Por conseguinte, a concorrência entre municípios torna-se um jogo de soma zero. As autarquias que conseguem atrair novas empresas para a sua comunidade beneficiam financeiramente, enquanto as comunidades que perdem estas guerras de licitação de desenvolvimento sofrem uma perda de receitas potenciais. Consequentemente, a cidade e os subúrbios circundantes que não conseguem atrair o desenvolvimento económico como fonte de receitas têm de aumentar os impostos sobre os seus residentes.

As pessoas com menos rendimento são obrigadas a pagar mais pelos serviços do que os residentes dos subúrbios ricos que têm sucesso no domínio do desenvolvimento económico (Orfield, 2002).

Consequentemente, os municípios urbanos mais pobres têm de tributar os seus residentes a taxas mais elevadas, a fim de gerar dinheiro suficiente para fazer face aos custos incorridos com a prestação de serviços públicos adequados. Mesmo com estes aumentos de taxas, Orfield (2002) mostra que, ao longo da década de 1990, o crescimento médio da capacidade fiscal (uma escala utilizada para medir a capacidade de uma cidade para prestar serviços com as receitas fiscais geradas) das 30 maiores cidades dos Estados Unidos foi 98% do crescimento médio da capacidade fiscal do conjunto das suas regiões metropolitanas. Este número revela uma tendência preocupante registada nas cidades. O crescimento lento da população e, em muitos casos, o declínio da população aumentam continuamente o custo por pessoa da prestação de serviços públicos (Ladd, 1994). Além disso, em zonas de pobreza e com um parque habitacional mais antigo, os custos da prestação de serviços públicos aumentam a um ritmo mais rápido do que os custos dos serviços públicos em zonas ricas com novas habitações. Por exemplo, as zonas empobrecidas têm taxas médias de criminalidade mais elevadas (Orfield, 2002). Para combater este problema, a cidade tem de gastar mais receitas em acções de aplicação da lei e em pessoal. Também custa mais às cidades renovar o parque habitacional e os edifícios comerciais envelhecidos. Além disso, embora haja atualmente menos pessoas a viver nestas cidades do que há 50 anos, o abastecimento de água e de esgotos continua a ser fixo para servir uma população muito maior (Orfield, 2002). Por conseguinte, os actuais residentes têm de suportar os custos daqueles que migraram para os subúrbios.

No entanto, estes problemas não se limitam apenas ao centro da cidade. Os subúrbios mais antigos, localizados perto da cidade e que estão a passar por uma transição racial devido à recente migração para fora da cidade, também estão em risco. Muitos destes problemas surgem devido a um desenvolvimento regional desequilibrado em resultado da expansão urbana. Por exemplo, apesar de uma média de 44% dos residentes das 25 maiores regiões metropolitanas dos Estados Unidos residirem nessas áreas, apenas uma média de 20% do espaço total de escritórios regionais se situa nelas (Orfield, 2002). Por conseguinte, estes municípios não têm capacidade para gerar receitas suficientes a partir do desenvolvimento económico para manter taxas de imposto baixas. Embora os valores medianos das casas e os níveis de rendimento medianos estejam ao mesmo nível que os da cidade, o aumento da população nestes subúrbios, combinado com a luta por receitas provenientes do desenvolvimento económico, exige taxas de imposto mais elevadas. Como resultado, estas comunidades estão a ficar mais pobres, mais rapidamente do que as cidades centrais.

Os bairros sociais, conhecidos como tal devido à sua distância do centro da cidade, na periferia de áreas metropolitanas em expansão, estão também a tornar-se cada vez mais afectados pela pressão fiscal. Apesar de os seus residentes beneficiarem de uma maior

valores medianos das casas e níveis de rendimento mais elevados do que os da cidade ou dos subúrbios mais antigos da periferia, os níveis de capacidade fiscal destas comunidades são semelhantes aos dessas zonas. Este facto deve-se, em grande parte, ao aumento significativo da população. Na década de 1990, estas comunidades absorveram 60% do crescimento suburbano (Orfield, 2002). Dado que se trata, na sua maioria, de comunidades novas, muitas não dispunham de infra-estruturas para fazer face à expansão. Além disso, um número significativo de agregados familiares nas comunidades em desenvolvimento tem crianças em idade escolar. Os níveis populacionais entre estas comunidades e os das cidades centrais são semelhantes, mas as comunidades em desenvolvimento de quarto têm, em média, um número de matrículas escolares 20% superior ao das suas congéneres citadinas (Orfield, 2002). Incapazes de acompanhar fiscalmente o aumento da procura de mais escolas, estas comunidades educam muitos alunos em roulottes e renunciam a outras melhorias comunitárias para pagar os custos da educação dos seus filhos.

Os sistemas educativos não só criam um ímpeto para a expansão, como também são afectados por ela. Orfield explica que as áreas metropolitanas com elevados níveis de segregação racial e de rendimentos tendem a expandir-se mais (2002). Quanto mais elevados forem estes níveis numa determinada área, mais os subúrbios tendem a fracassar. Uma das principais razões para o fracasso destes subúrbios resulta do fracasso dos seus sistemas escolares. À medida que as escolas destas áreas, principalmente as mais antigas, nos subúrbios da periferia, ganham mais alunos pobres, a procura de habitação de classe média diminui. Este facto deve-se, em grande parte, às famílias da classe média, não pobres, com filhos na escola, que decidem partir. Consequentemente, a capacidade fiscal destas comunidades é afetada pela perda de receitas da classe média. Por conseguinte, à medida que as receitas diminuem, as despesas per capita por aluno também diminuem.

Esta transição ocorre, em grande parte, devido ao afluxo de residentes de minorias numa comunidade que era maioritariamente branca. Orfield observa que, quando uma escola atinge um limiar de minorias de 10%-20%, a taxa de transição explode até esses níveis serem superiores a 80% (2002). Curiosamente, dos cerca de 10% de escolas americanas com níveis de inscrição de minorias iguais ou superiores a 80%, aproximadamente 90%

dessas escolas têm níveis de pobreza superiores a 50%, enquanto 92% das escolas maioritariamente brancas não enfrentam este problema (Orfield & Yun, 1999). Embora os alunos pobres e pertencentes a minorias sejam deixados a estudar em escolas com financiamento inadequado, esta separação social também deixa muitos alunos da classe média de comunidades em desenvolvimento em quartos em escolas com financiamento insuficiente e sobrelotadas.

Síntese

Causada pelas políticas do governo federal, pelas preferências de transporte das empresas e dos indivíduos e pela tendência para a fragmentação dos municípios suburbanos, a expansão impõe problemas à saúde da nossa sociedade, à capacidade fiscal das autarquias locais e à qualidade de vida dos habitantes das cidades centrais e dos subúrbios. A menos que os governos locais e os seus cidadãos comecem a compreender e a resolver estes problemas, é quase certo que o impacto da expansão continuará a intensificar-se. No entanto, a filosofia do crescimento inteligente procura remediar os problemas resultantes dos padrões de desenvolvimento em expansão para melhorar a nossa qualidade de vida, tornar o desenvolvimento justo, eficaz e eficiente e trazer de volta o sentido de comunidade que a expansão tende a eliminar.

Capítulo 2. Desenvolvimento de Infill

Introdução

Existe uma grande quantidade de literatura sobre o desenvolvimento infill, a maior parte da qual explica os benefícios sociais associados ao crescimento ao estilo infill. A maior parte da literatura faz referência aos impedimentos à infill, mas raramente explica essas questões em profundidade. A literatura que explica os impedimentos raramente é académica. Em vez disso, a maioria dos estudos são documentos anedóticos do governo ou de grupos de interesse do sector privado que descrevem as experiências de pessoas que desenvolvem projectos na sua comunidade ou que pertencem a um grupo de interesse. Os comentadores concordam em grande medida sobre os obstáculos ao desenvolvimento de infill. É difícil encontrar literatura que explique de forma exaustiva os instrumentos políticos que podem ultrapassar os obstáculos ao desenvolvimento de infill. A maioria destes documentos são estratégias de implementação de infill escritas pelos municípios.

Estes documentos, juntamente com os documentos que descrevem os impedimentos à construção, carecem de pormenor. Um exemplo desta falta de pormenor é a discussão sobre os custos de construção mais elevados. Alguns comentadores discutem o custo de construção por pé quadrado da construção de raiz em relação ao da construção unifamiliar, mas estes autores apenas comparam os custos de construção vertical. Os custos de construção vertical são apenas os custos que ocorrem acima do solo, excluindo infra-estruturas, estacionamento e melhoramentos fora do local. Assim, estes estudos carecem de pormenores sobre o âmbito total das discrepâncias de custos entre o desenvolvimento infill e a construção unifamiliar. Esta tese pretende trazer um nível mais elevado de compreensão das despesas associadas ao desenvolvimento, decompondo as principais componentes das despesas de desenvolvimento. Além disso, as descrições existentes dos instrumentos de política são vagas; afirmar simplesmente que a redução dos requisitos de espaço de estacionamento ou afirmar que a ajuda ao financiamento aumenta a viabilidade do projeto não permite a comparação dos instrumentos de política. A presente tese tem por objetivo tornar mais preciso este aspeto da análise.

A revisão da literatura é composta por três secções - factores positivos que aumentam a procura de desenvolvimento de infill, impedimentos ao desenvolvimento de infill e instrumentos políticos disponíveis para ajudar ao desenvolvimento de infill. Reconheço que a revisão não é exaustiva porque omito a consideração dos obstáculos políticos. A oposição local a um projeto tem potencial para ser um obstáculo significativo e as preocupações dos residentes existentes podem ser válidas; no entanto, há limites para o que posso considerar numa única tese. Assim, este documento centra-se em obstáculos de natureza quantificável, diretamente relacionados com a viabilidade económica de um projeto.

Factores positivos para o desenvolvimento de enchimento

Nem tudo são desgraças e tristezas quando se considera a viabilidade do desenvolvimento de infill. Algumas características do mercado indicam uma procura crescente de vida urbana. "Apenas um quarto dos agregados familiares é constituído por famílias com filhos, e as famílias representam apenas 70% de todos os agregados familiares, em comparação com 81% em 1970 e 90% em 1940. Dos restantes 30 por cento, 60 por cento vivem sozinhos" (Farris, 2001, p. 6). Nelson (2006) estima que os agregados familiares com uma só pessoa aumentarão para cerca de 30% até 2025 (p. 394). Além disso, Nelson explica que uma parte maior da população é e será cada vez mais constituída por idosos. Leinberger (2008) reitera os sentimentos de Nelson ao afirmar que 850.000 pessoas farão sessenta e cinco anos por ano entre 2007 e 2011 e entre 2012 e 2020 este número aumentará para 1.500.000 pessoas por ano (p. 89). Estes dados demográficos exigem o estilo de vida urbano, pelo que, à medida que estes segmentos da população crescem, a procura de vida urbana também aumentará.

Para além das alterações demográficas, Nelson também indica que "as taxas de valorização dos preços dos condomínios e cooperativas são substancialmente mais elevadas do que as das casas isoladas e das casas em banda em todas as regiões" (2006, p. 395). Leinberger faz eco de Nelson dizendo: "As famílias de luxo parecem estar dispostas a pagar os mesmos dólares absolutos por um palácio suburbano perto de campos de golfe e atrás de portões vigiados que pagam por condomínios" (2008, p.98). Leinberger prossegue citando a existência de prémios pagos por condomínios em relação a casas unifamiliares, por metro quadrado, em vários mercados dos Estados Unidos, e este prémio é a sua prova da procura reprimida de vida urbana. Leinberger não aborda a relação inversa que existe entre a dimensão da unidade e o preço por pé quadrado de activos da mesma classe. Esta relação existe quer a unidade seja um apartamento para arrendamento, um condomínio para venda ou uma moradia para venda. Um excelente exemplo desta relação é um complexo de apartamentos para arrendamento. Os apartamentos estúdio e os apartamentos com um quarto terão uma renda mais elevada por pé quadrado do que as unidades maiores, embora a renda total seja um valor agregado mais baixo. O mesmo acontece com os condomínios para venda no mesmo complexo. Outro fator a ter em conta quando Nelson afirma que a valorização dos preços dos condomínios é superior à das habitações unifamiliares é o facto de a valorização ter ocorrido durante o fervilhante mercado imobiliário de 2002 a 2006. Este período foi marcado pela emissão de empréstimos de alto risco. Estes empréstimos inflacionaram artificialmente os preços da habitação em todos os sectores e, no início do mercado em alta, os preços dos condomínios eram inferiores aos das habitações unifamiliares. Assim, quando as casas unifamiliares se tornaram inatingíveis para muitos americanos, estes optaram por condomínios, o que provocou um aumento dos preços dos condomínios. Começar com um valor mais baixo significa que o mesmo aumento em dólares na valorização do preço resultará num aumento percentual mais elevado para o ativo de preço mais baixo. Nelson não indica se tem em conta o efeito das conversões de condomínios. Muitos apartamentos foram convertidos em condomínios, fazendo com que os valores duplicassem ou até triplicassem, o que pode exagerar a taxa de crescimento das unidades de condomínio.

Impedimentos ao desenvolvimento de enchimento

Existem muitos impedimentos ao desenvolvimento de infill e parece haver um consenso considerável entre os autores relativamente aos elevados custos de construção, às dificuldades de obtenção de financiamento e à falta de procura. A falta de procura de infill refere-se à procura atual; pelo contrário, como explicado acima, a evolução demográfica indica um aumento da procura de infill nas próximas décadas.

Falta de procura - A demografia da população dos EUA está a mudar e muitos prevêem que o desenvolvimento urbano será um segmento de mercado em crescimento nos próximos anos. No entanto, atualmente, a grande maioria da população prefere a habitação suburbana. Nelson (2006) afirma que "os inquéritos sobre preferências de habitação revelam que a maioria das pessoas prefere casas unifamiliares isoladas em grandes lotes" (p. 395) e que a percentagem da população que prefere viver em apartamentos/condomínios se situa normalmente entre 9 e 18% (Nelson, (2006, pp. 395 - 396). Os dois inquéritos dos anos 90 que Nelson cita foram realizados numa altura em que uma parte significativa da população baby boomer ainda tinha filhos em casa, pelo que, à medida que esta população infantil se torna mais independente, os baby boomers preferem a vida urbana. Mais adiante no artigo, Nelson cita o Gabinete de Recenseamento dos Estados Unidos, que concluiu que 25,4%

da população vivia efetivamente em apartamentos ou condomínios em 2003. Os inquéritos e os resultados dos Censos não ocorrem no mesmo momento. É importante salientar que, se 9 a 18% da população preferem viver em apartamentos ou condomínios, mas 25,4% vivem efetivamente em apartamentos ou condomínios, é razoável supor que uma grande percentagem desses 25,4% está insatisfeita com a sua habitação. Estas pessoas podem estar num estado de transição para a vida suburbana e podem preferir a vida suburbana.

A vida nos subúrbios tem mérito; as pessoas procuram privacidade, melhores escolas e taxas de criminalidade mais baixas. "Um inquérito realizado em Toledo (OH) em 1991 a 408 vendedores de casas revelou que as cinco principais razões para se mudarem eram: (1) procurar uma casa maior, (2) procurar uma escola melhor, (3) mudar de emprego, (4) procurar uma casa com melhor estilo e (5) procurar um bairro mais seguro" (Farris, 2001, p. 7). As pessoas dão mais importância aos benefícios pessoais da vida suburbana do que aos benefícios sociais e ambientais da vida urbana. Todos crescem com a perceção de que o sonho americano é ter uma casa com quintal. A mudança de paradigma em relação à perceção atual do sonho americano pode ser o maior obstáculo que o desenvolvimento de infill enfrenta.

Custos de construção - A construção de edifícios de raiz é mais dispendiosa do que a construção unifamiliar. "Os custos de construção são de aproximadamente $75 por pé quadrado para um edifício de três andares, $100 por pé quadrado para um edifício de quatro andares e $175 por pé quadrado para um arranha-céus" (Suchman, 2002, p. 14). Existe um salto drástico nos custos de construção entre edifícios de altura média e edifícios altos devido ao tipo de construção da estrutura. Normalmente, a estrutura de madeira é adequada até cinco andares ou 50 pés (Wheeler, 2001, p. 19) e, para além dos cinco andares, é necessária uma estrutura de aço devido aos requisitos de resistência. Por outro lado, o custo típico de uma casa unifamiliar é de $60 por pé quadrado. Os custos de construção de habitações unifamiliares são significativamente mais baixos do que os custos de construção de empreendimentos de enchimento. Estes custos referem-se aos custos verticais do edifício e das unidades, pelo que estes cálculos não incluem as infra-estruturas, o estacionamento, os custos não recreativos, a reparação ambiental e as despesas de autorização. Os custos não recorrentes são custos que não são custos directos de construção, incluindo financiamento, arquitetura, engenharia, honorários legais e despesas de marketing.

As casas unifamiliares não só são mais baratas de construir, como também são mais fáceis de implementar do ponto de vista do fluxo de caixa. A dificuldade de fluxo de caixa do desenvolvimento infill decorre do facto de a construção começar em todas as unidades ao mesmo tempo, porque as unidades fazem parte do mesmo edifício; enquanto que o desenvolvimento unifamiliar pode ocorrer em fases, tanto do ponto de vista das infra-estruturas como das unidades, o que reduz o risco de mercado e os custos de financiamento. A possibilidade de fasear o projeto reduz o risco para o promotor e para o mutuante, uma vez que o faseamento permite que menos capital seja suscetível às alterações das condições de mercado num determinado momento.

Estacionamento - O estacionamento é um fator importante a ter em conta nos empreendimentos de enchimento, porque muitos deles requerem estacionamento em pódio (estrutura de estacionamento) para poderem dispor de uma quantidade adequada de estacionamento num empreendimento e o estacionamento em pódio é caro em comparação com o estacionamento à superfície. Em 2008, o custo médio de uma estrutura de estacionamento nos Estados Unidos era de "$15.000 por espaço" (Victoria Transport Policy Institute, 2009, p. 5.4-2); no entanto, existe uma grande variabilidade entre estudos. O Victoria Transport Policy Institute cita uma fonte que encontrou "custos de construção que variam entre $13.712 e $31.500 por espaço numa universidade da Califórnia entre 1990 e 2002" (VTPI, 2009, p.5.43). As minhas experiências de subscrição de projectos de desenvolvimento na região de Sacramento revelam que os custos de estacionamento variam entre $25.000 e $32.000 por lugar. Mais uma vez, estas estimativas de custos reflectem apenas os custos materiais, pelo que os custos não materiais e os custos de financiamento são adicionais. O estacionamento é fundamental para o desenvolvimento de projectos de construção, uma vez que permite maximizar a utilização do terreno; sem estruturas de estacionamento, as densidades não excederiam 20 unidades por acre.

A razão pela qual as densidades não excederiam 20 unidades habitacionais por acre sem estruturas de estacionamento é que as cidades estabelecem requisitos arbitrários de estacionamento para os usos do solo. "Os planejadores normalmente usam padrões genéricos que se aplicam a categorias gerais de uso do solo (por exemplo, residencial, escritórios, varejo)" (United States Environmental Protection Agency, 1999, p. 4). Exemplos desses padrões genéricos são dois espaços por residência, quatro espaços por 1.000 pés quadrados de escritórios, cinco espaços por 1.000 pés quadrados de lojas e quinze espaços por 1.000 de restaurantes. Estes requisitos limitam o desenvolvimento porque o estacionamento à superfície consome uma enorme quantidade de espaço. Os empreendimentos suburbanos exigem estes padrões porque as pessoas dependem de automóveis e estes requisitos são viáveis porque o estacionamento à superfície é barato, cerca de $1.500 por espaço. Os requisitos não precisam de ser tão intensos para os empreendimentos urbanos, uma vez que os residentes têm acesso a alternativas de transporte e os retalhistas confiam mais na ativação da frente de rua do que nos clientes que chegam de automóvel. A ativação da frente de rua refere-se ao comércio de rés do chão orientado para os peões, em que as lojas têm uma fachada limitada para maximizar o número de retalhistas num só local. Os retalhistas fornecem frequentemente comodidades como mesas, bancos, fontes e desenhos arquitectónicos visuais na frente da rua para as pessoas se reunirem.

Shoup e Manville afirmam que "para prosperar, uma zona central de negócios tem de receber uma massa crítica de pessoas todos os dias, mas sem se entupir... o estacionamento fora da rua é a medida tomada para reduzir o congestionamento, mas como os terrenos são tão caros nas zonas centrais e o estacionamento fora da rua é uma despesa inicial tão grande que as empresas tomam a decisão racional de se localizarem fora da zona central de negócios (CBD), onde será mais barato" (Shoup, D., Manville, M., 2004, p. 4). Para além do crescimento fora do CBD, os requisitos de estacionamento fazem com que os centros das cidades sejam "pouco mais do que um grupo de edifícios, cada um deles um destino por si só, para estacionar e partir, e não parte de um todo maior" (Shoup, D., Manville, M., 2004, p. 8).

Isto não quer dizer que as melhores práticas para os empreendimentos de raiz não incluam estacionamento ou requisitos, mas a aplicação de requisitos genéricos não é eficiente.

Os promotores querem oferecer estacionamento por quatro razões. Primeiro, um empréstimo pode ser difícil de obter porque os credores têm seus próprios requisitos de estacionamento para as propriedades que financiam (US EPA, 1999a, p. 2).

Em segundo lugar, a falta de estacionamento cria incerteza quanto à comercialização a longo prazo de um projeto (US EPA, 1999a, p. 2). Terceiro, "os residentes podem temer que o estacionamento se espalhe pelos bairros residenciais vizinhos (US EPA, 1999a, p. 2). Finalmente, os condomínios com estacionamento aumentam o preço de mercado das unidades em $39.000 em relação às unidades que não têm estacionamento (VTPI, 2009, p. 5.4-18). A luta dos promotores e das cidades é encontrar a combinação certa de estacionamento que permita um projeto bem sucedido a longo prazo sem escassez de estacionamento, mantendo os custos tão baixos quanto possível.

Dificuldade em obter financiamento - O financiamento é difícil de obter para o desenvolvimento de infill devido aos "custos de desenvolvimento comparativamente elevados (especialmente custos iniciais); falta de familiaridade e experiência dos credores com os produtos; escassez de bons estudos de mercado; problemas ambientais; e ausência de valores comparáveis nos quais basear as avaliações" (Suchman, 2002, p. 17). Além disso, os projectos de utilização mista são difíceis de financiar porque "os mutuantes tendem a especializar-se num tipo de desenvolvimento imobiliário ... (porque) os instrumentos financeiros e as instituições subjacentes ao American Development isolam as componentes do ambiente construído para melhor examinar o seu risco" (Suchman, 2002, p. 18). Suchman explica ainda que o financiamento de produtos de luxo e produtos de baixo rendimento são os mais fáceis de financiar porque os produtos de luxo são construídos nas melhores localizações e existe uma variedade de programas de incentivos estatais e federais para os empreendimentos de baixo rendimento (Suchman, 2002, p. 18). Assim, a obtenção de financiamento para a maior parte da população, de rendimento médio, é a mais difícil.

Os obstáculos acima descritos existem para a maioria dos projectos de construção de novas parcelas; por conseguinte, classificamo-los como características do mercado de construção de novas parcelas. A secção seguinte aborda os obstáculos que não existem na maioria das parcelas de enchimento, mas que são específicos do local. A contaminação do local, as infra-estruturas inadequadas e as parcelas pequenas e irregulares dificultam a execução de projectos de enchimento.

Infraestrutura - "O termo *infraestrutura* abrange instalações públicas como ruas; sistemas de água, esgotos e drenagem; parques e espaços abertos; e escolas" (Suchman, 2002, p. 83 - 84). Para as regiões centrais, considero necessário alargar esta definição de modo a incluir os sistemas de transportes colectivos e as áreas de estacionamento público, uma vez que estes elementos são cruciais para alcançar a vitalidade. Os defensores do infill apregoam "a capacidade de utilizar as infra-estruturas existentes, mas muitos profissionais entendem que as infra-estruturas podem ser obsoletas" (Farris, 2001, p. 14). É mais provável que as capacidades de algumas instalações públicas sejam adequadas, como a capacidade de fornecer água e tratar os esgotos, porque estes sistemas precisam de ser actualizados à medida que a cidade cresce, quer esse crescimento seja infill ou suburbano. A capacidade de outros sistemas, como os sistemas de trânsito e de escolas, é mais difícil de aumentar em zonas residenciais devido a restrições físicas. A capacidade de uma estrada não pode aumentar sem acrescentar uma faixa de rodagem e a capacidade de uma escola não pode aumentar sem acrescentar uma sala de aula. Com a escassez de terrenos, estes tipos de melhoramentos são difíceis. O custo da atualização da capacidade de qualquer instalação é elevado, pelo que as cidades precisam de ter uma capacidade excedentária adequada para acomodar o crescimento das zonas residenciais. A viabilidade do desenvolvimento de infill é uma margem ténue, pelo que a modernização das infra-estruturas a expensas do promotor e a criação de uma área de benefício para reembolsar o promotor não é uma opção como seria em grandes empreendimentos suburbanos. Quando um promotor ou uma cidade pagam uma quantidade significativa de infra-estruturas, criam uma área de benefício. À medida que novos desenvolvimentos ocorrem devido à nova infraestrutura, estes projectos pagam taxas para reembolsar o custo da nova infraestrutura.

Contaminação do terreno - Os terrenos com contaminação, conhecidos como terrenos industriais abandonados, representam um desafio significativo para os promotores, porque os custos de reparação podem ser tão elevados que ultrapassam o valor do terreno, o que equivale a um valor negativo do terreno. Antes de um promotor adquirir o terreno, é necessário efetuar testes exaustivos para descobrir o nível de contaminação. Os testes facilitam a criação de um plano de ação para remediar o local de modo a torná-lo adequado para futuros residentes e clientes. Existem três fases na identificação de contaminantes e na reabilitação de um local. Um relatório da primeira fase examina o historial de uma parcela para determinar se é provável que exista contaminação no local. Se o relatório da fase um revelar que o local tem potencialmente contaminantes, é necessário um relatório da fase dois. Um relatório da fase dois discute os resultados dos testes de contaminação dos solos. A terceira fase é a remediação de um sítio. Existe pouca literatura que examine os custos de cada fase. A partir da minha experiência no sector, descobri que os custos da primeira fase são de aproximadamente $2.500 e os estudos da segunda fase variam entre $30.000 e $50.000. O custo da fase 3 é um produto do nível de contaminação no local. À medida que o nível de contaminação aumenta, o custo também aumenta. Não tenho experiência pessoal com as despesas de limpeza da fase 3, pelo que não posso oferecer um intervalo de custos. As despesas potenciais de um relatório das fases um e dois para chegar simplesmente a uma conclusão de "avançar" ou "passar" na aquisição de um sítio são demasiado arriscadas para muitos promotores.

A Agência de Proteção Ambiental dos Estados Unidos enumera quatro vantagens do desenvolvimento de zonas industriais abandonadas. Em primeiro lugar, o preço do terreno com desconto, em segundo lugar, o baixo custo das infra-estruturas, em terceiro lugar, o zonamento favorável e, por último, o apoio ao desenvolvimento de zonas industriais abandonadas sob a forma de créditos fiscais e financiamento (US EPA b, 1999, p. 2-4). De facto, existe o potencial para estas vantagens, mas a reabilitação de zonas industriais abandonadas exige conhecimentos especializados para remediar o local e atravessar a extensa rede de programas de assistência pública. Além disso, os promotores têm de possuir uma maior tolerância ao risco. A reabilitação leva tempo, o que significa que existe uma maior incerteza quanto às condições de mercado quando a propriedade estiver pronta para a construção vertical. Um exemplo local de maior tolerância ao risco é o Curtis Park Village.

Curtis Park Village é um empreendimento de 72 acres na parte sul de Sacramento, onde o promotor está a lutar para encontrar uma forma de "financiar os custos mais elevados do que o previsto para a limpeza do estaleiro ferroviário tóxico que comprou em 2004 ... (e) a construção poderá começar em 2012, 2013 ou 2014" (Wasserman, 2009b). Neste caso, os custos da descontaminação excederam as estimativas e existe uma janela de três anos para o arranque do projeto, o que constitui um risco superior ao de um desenvolvimento típico.

As parcelas de enchimento podem ser pequenas e irregulares - Cada projeto de enchimento é único na medida em que as dimensões do local não são uniformes; por conseguinte, a conceção de um projeto não pode ser a mesma para a conceção de outro projeto. Estes projectos "não podem beneficiar das economias de escala" (Riverside, 2003, p.2), ao passo que, para uma urbanização suburbana, o traçado do loteamento está concluído e o promotor oferece seis a dez projectos diferentes. O promotor tem a opção de repetir os projectos em diferentes empreendimentos. A arquitetura torna-se um custo irrecuperável, reduzindo assim os custos indirectos da construção. A oferta de uma pequena variedade de casas é muitas vezes criticada por dar origem a comunidades aborrecidas e repetitivas, mas é eficaz na redução dos custos. Da mesma forma, muitos lotes são demasiado pequenos por si só, pelo que um promotor precisa de reunir pequenas parcelas para criar um local edificável. A criação de um conjunto de parcelas requer frequentemente a negociação com diferentes proprietários, o que consome mais tempo, é mais dispendioso e apresenta maiores riscos de fracasso.

Os obstáculos ao desenvolvimento de projectos de enchimento são uma realidade do mercado e raramente ocorrem de forma isolada. O efeito cumulativo de múltiplos impedimentos pode tornar um projeto inviável. O ponto comum dos impedimentos ao desenvolvimento de infill é o facto de aumentarem o risco de alguma forma. Os promotores e os financiadores aceitam aumentos de risco se o potencial retorno do investimento for suficientemente grande para justificar esse risco. Os decisores políticos têm à sua disposição instrumentos que aumentam o retorno para um promotor e, consequentemente, aumentam a viabilidade do desenvolvimento de infill. A próxima secção examina vários desses instrumentos. Ferramentas políticas para implementar o desenvolvimento de infill

Os responsáveis governamentais têm à sua disposição muitas opções políticas para ajudar a implementar o desenvolvimento de infill. Instrumentos que vão desde a redução das taxas de impacte sobre o desenvolvimento até à facilitação da obtenção de financiamento criam melhores condições para que o desenvolvimento de empreendimentos de raiz prospere. A análise da literatura centrar-se-á numa variedade de instrumentos políticos que ajudam a ultrapassar os impedimentos da primeira metade desta análise da literatura. A maior parte da informação que se segue provém de programas de promoção de enchimento criados pelos municípios.

Incentivos baseados no mercado - A EPA dos Estados Unidos afirma que a concessão de "incentivos para que as pessoas vivam perto do seu emprego" (US EPA, n.d, p. 3) promoverá o desenvolvimento de utilizações mistas. O documento não oferece sugestões de incentivos políticos, mas um crédito fiscal recente poderia fornecer a estrutura para tal ferramenta política. A Lei da Habitação e da Recuperação Económica de 2008 criou um crédito fiscal de $7.500 para quem compra casa pela primeira vez, que os compradores pagam ao longo de quinze anos. A Lei Americana de Recuperação e

A Lei do Reinvestimento aumenta o crédito fiscal para $8.000 e os compradores não reembolsam o crédito. "A Associação de Corretores de Imóveis da Califórnia publicou resultados de um inquérito que indicam que 40% dos compradores de primeira habitação teriam ficado de fora este ano se não lhes tivesse sido prometido o crédito de 8.000 dólares" (Wasserman, 2009b, ¶ 4). É demasiado cedo para avaliar o nível de sucesso do crédito fiscal. No entanto, a indústria da construção e os grupos de interesse imobiliário instaram Washington a prolongar o programa em dezembro de 2009 devido a preocupações com a queda dos preços das casas. Esta preocupação com a queda dos preços das casas é uma indicação de que os créditos fiscais têm um efeito positivo na procura. Existe potencial para que este quadro se estenda à área do desenvolvimento urbano. Um programa que ofereça um crédito fiscal a indivíduos que comprem uma residência num desenvolvimento urbano qualificado estimularia a procura de um mercado de enchimento.

Facilitar o financiamento do desenvolvimento urbano

- Suchman afirma que os governos estaduais e locais têm vários instrumentos financeiros disponíveis para ajudar a financiar o desenvolvimento urbano. Uma variedade destes instrumentos de financiamento são "créditos fiscais para propriedades históricas ou habitações de baixo rendimento; obrigações tributáveis e isentas de impostos; fundos fiduciários para a habitação; subvenções e empréstimos para pré-desenvolvimento; empréstimos para construção, financiamento de lacunas, segundas hipotecas suaves; melhorias de crédito" (Suchman, 2002, p. 88). Segue-se uma explicação de cada ferramenta de financiamento. *Créditos fiscais* - Em primeiro lugar, uma explicação dos créditos fiscais em geral. Existe frequentemente uma confusão entre um crédito fiscal e uma dedução fiscal. Um crédito fiscal reduz diretamente a dívida fiscal daqueles que o possuem, numa base dólar a dólar, ou seja, um crédito fiscal de $1.000 reduz a dívida fiscal da entidade detentora em $1.000. Entretanto, uma dedução fiscal apenas reduz o rendimento tributável, pelo que a dedução é apenas a taxa marginal de imposto. Por exemplo, uma dedução de $1.000, quando a entidade que efectua a dedução se encontra num escalão fiscal de 35 por cento, reduz a responsabilidade fiscal em $350 ($1.000 x .35). Vou agora analisar um breve exemplo de créditos fiscais para habitação de baixos rendimentos (LIHTC) para explicar como funcionam. Tanto o governo estadual como o governo federal atribuem créditos fiscais anualmente, um multiplicador da população do estado determina o montante que é atribuído por estado. O IRS atribui os créditos federais aos estados para que estes os distribuam. Na Califórnia, o Tesoureiro do Estado atribui os LIHTC estatais e federais através do Comité de Atribuição Fiscal da Califórnia (CTCAC). O CTCAC atribui os créditos fiscais

a promotores cujos projectos sejam elegíveis. O promotor vende os créditos a investidores para obter capital para o projeto de habitação para baixos rendimentos. Um investidor compra o LIHTC abaixo do valor nominal para obter um benefício líquido ao reduzir a obrigação fiscal pelo valor nominal total do crédito fiscal. Por exemplo, um investidor compra $1.000.000 de LIHTCs por $850.000, ou 85 cêntimos por dólar. Quando o investidor usa os créditos fiscais para reduzir a obrigação fiscal, a redução na obrigação fiscal é o valor nominal do LIHTC, que neste caso é um aumento de aproximadamente 17,6% do preço de compra. Os investidores utilizam os créditos fiscais de acordo com as directrizes do IRS, que para os créditos federais de habitação de baixa renda é de 10% dos créditos por ano.

Obrigações isentas de impostos - A maior parte das obrigações emitidas por estados e cidades são isentas de impostos, o que significa que o comprador da obrigação não paga imposto sobre o rendimento gerado pela obrigação. As obrigações emitidas pelos governos têm normalmente uma taxa de rendimento baixa devido ao seu estatuto de isenção fiscal e à capacidade de reembolso da obrigação por parte da entidade emissora. Um exemplo invulgar de uma obrigação isenta de impostos são as obrigações de atividade privada, que as agências governamentais emitem em nome de empresas privadas. "Ao contrário das obrigações municipais típicas, o pagamento do capital e dos juros ... não é da responsabilidade do organismo público emissor. Em vez disso, é da responsabilidade da empresa privada que recebe as receitas" (California Debt Limit Allocation Committee, n.d., ¶ 4). Estas obrigações podem não ser completamente isentas de impostos, uma vez que alguns estados não reconhecem a isenção para outros estados. Por exemplo, se uma agência pública da Califórnia emite um título que um investidor de Idaho compra, Idaho pode não isentar a renda do imposto de renda estadual. Os promotores valorizam o financiamento por obrigações, uma vez que a taxa de juro mais baixa reduz os custos de financiamento.

Financiamento de lacunas - Os credores exigem que as estimativas do fluxo de caixa do projeto cumpram determinados critérios de referência antes de concederem um empréstimo para um projeto. Um desses critérios é o rácio de cobertura do serviço da dívida (DCR). O DCR é a relação entre o rendimento operacional líquido (NOI) e o serviço da dívida. Por exemplo, se o NOI mensal de um complexo de apartamentos for de $10.000 e o serviço da dívida for de $8.000, então o DCR é igual a 1,25 ($10.000 / $8.000). Durante a análise de viabilidade de um projeto de desenvolvimento, o credor utilizará projecções de NOI para chegar ao montante do empréstimo. Neste caso, temos uma projeção de NOI mensal de $10.000 e o credor exige um DCR de 1,25, o que se traduz num serviço da dívida mensal de $8.000. Assumindo um período de amortização de 30 anos e taxas de juro de 5%, o credor está disposto a emprestar $1.490.252. Suponhamos que a construção do empreendimento custará $1.800.000 e que o promotor tem $100.000 de capital próprio. Neste cenário, existe um défice de $209.748 que pode ser financiado pelo município.

Segundo empréstimo em condições favoráveis - A cidade pode oferecer um segundo empréstimo em condições favoráveis para ajudar à viabilidade de um projeto. Um segundo empréstimo em condições favoráveis é semelhante ao Gap Financing, com a diferença de que a estrutura do calendário de pagamento de um segundo empréstimo em condições favoráveis pode assumir várias formas. Por exemplo, em vez de um montante constante devido todos os meses, a agência governamental e o promotor "concordam em dividir o fluxo de caixa ... após as despesas operacionais" (Suchman, 2002, p. 88). Desta forma, o projeto poderá pagar a dívida do primeiro empréstimo e o segundo empréstimo não criará uma situação de fluxo de caixa negativo para o promotor.

Reforços de crédito - "O reforço de crédito é o apoio financeiro de terceiros - o mutuante e o mutuário são a primeira e a segunda partes - que torna um empréstimo, uma obrigação ou outro instrumento financeiro mais digno de crédito, permite o acesso a melhores condições de empréstimo e pode significar a diferença entre um projeto ser viável ou não" (Departamento de Transportes dos EUA, n.d.). As melhorias de crédito podem assumir a forma de uma linha de crédito ou de uma garantia do serviço da dívida de uma agência governamental. Esta linha de crédito ou garantia do serviço da dívida reduz o risco para um mutuante privado, permitindo-lhe financiar um projeto a uma taxa de juro mais baixa. Além disso, para regiões sem historial de projectos de enchimento bem sucedidos, um reforço de crédito pode ser a única forma de obter financiamento. As melhorias de crédito beneficiam os promotores de forma semelhante a uma obrigação isenta de impostos, reduzindo o custo de financiamento de um projeto.

Permitir Flexibilidade nos Requisitos de Estacionamento - As agências governamentais podem encorajar os promotores a construir estruturas de estacionamento, oferecendo as opções de financiamento anteriormente descritas. Permitir flexibilidade nos requisitos de estacionamento para projectos de enchimento permitirá que os funcionários municipais e os promotores reduzam o total de espaços fornecidos se for lógico para o projeto. "Uma das deficiências dos requisitos genéricos de estacionamento é que muitas vezes eles não levam em conta a combinação de variáveis específicas da comunidade - densidade, demografia, disponibilidade de transporte não-automático, ou a mistura de uso do solo circundante - todos os quais influenciam a demanda por estacionamento ... em vez disso, os requisitos são baseados na demanda máxima de estacionamento" (US EPA, 1999a, p. 4). Se um projeto está localizado numa área de tráfego pedonal intenso, pode não ser necessário atribuir estacionamento para o comércio no rés do chão.

Alternativas às exigências genéricas de estacionamento são taxas de in-lieu, estacionamento compartilhado, estacionamento centralizado e congelamento de estacionamento.

As taxas in-lieu são taxas de impacto de desenvolvimento que a cidade cobra para fornecer estacionamento fora do local. Neste cenário, o promotor pagará à cidade uma taxa por cada espaço necessário para o empreendimento. A construção e a manutenção da estrutura de estacionamento são efectuadas pela cidade fora do local. A US EPA identifica os seguintes benefícios das taxas de estacionamento "in-lieu" - redução dos custos de construção, ausência de estacionamento pouco atrativo no local, maximização da utilização do parque de estacionamento e melhor desenho urbano (1999a, p. 14). Uma taxa in-lieu só é benéfica se for mais barata do que a construção do espaço de estacionamento. A desvantagem é obviamente a conveniência para os residentes se a estrutura de estacionamento estiver localizada a uma distância significativa da sua residência. Uma opção possível para a cidade é a construção de uma estrutura de estacionamento partilhado. O estacionamento partilhado é uma estrutura de estacionamento centralizada que se encontra nas proximidades de uma variedade de utilizações, tais como escritórios e habitações. Neste cenário, os empregados de escritório usarão a garagem durante o dia, enquanto os residentes a usarão à noite. O benefício de uma estrutura de estacionamento centralizada é a economia de escala durante a construção e manutenção. O congelamento de estacionamento é exatamente o oposto dos requisitos de estacionamento. Em vez de exigir um número mínimo de vagas de estacionamento, a cidade cria um limite máximo (US EPA, 1999a, p. 17).

Reduzir as Taxas de Impacto no Desenvolvimento - A Estratégia de Infill de Riverside, Califórnia, propõe o ajustamento das taxas de impacto no desenvolvimento como um método de promoção do desenvolvimento de infill. A estratégia reduz as taxas totais de $18.424,53 para $13.805,68 por unidade, uma poupança de 25 por cento. "Os ajustamentos das taxas têm um impacto maior quando a margem de lucro é reduzida e a redução das taxas pode tornar um projeto financeiramente viável" (City of Riverside, Califórnia, 2003, p. 5). A redução da taxa é equivalente a um subsídio em dinheiro, uma vez que a cidade cobrirá as despesas das receitas perdidas. O cálculo de uma taxa de impacto de desenvolvimento é o custo da instalação pública por unidade de novo crescimento. A cidade estima o crescimento anual que utilizará a capacidade da instalação, tem em conta o valor temporal do dinheiro e chega a um custo por unidade. Se a cidade renunciar às receitas, terá de utilizar fundos de outra fonte para pagar a taxa de instalação.

Isenções ambientais - O governador Ronald Reagan promulgou a Lei da Qualidade Ambiental da Califórnia (CEQA) em 1970. "A CEQA incentiva a proteção de todos os aspectos do ambiente, exigindo que as agências estatais e locais preparem análises de impacto ambiental multidisciplinares e tomem decisões com base nas conclusões desses estudos relativamente aos efeitos ambientais da ação proposta" (Bass, R., Herson, A., Bogdan, K., 1999, p. 1). O CEQA é composto por três fases. A primeira fase é a

A fase 1 é a Revisão Preliminar, a fase 2 é o Estudo Inicial e a fase 3 é a preparação de um Relatório de Impacto Ambiental (EIR) ou Declaração Negativa. Se um projeto requer a preparação de um EIR, então a agência líder determina que o projeto "não está isento da CEQA e potencialmente causa efeitos significativos no ambiente que não poderiam ser tratados por uma Declaração Negativa Mitigada" (Bass, R., Herson, A., Bogdan, K., 1999, p. 53). Uma agência líder emite uma declaração negativa quando determina que o projeto não terá efeitos significativos no ambiente, pelo que não há necessidade de preparar um EIR. Uma agência líder emite uma declaração negativa atenuada quando reconhece que existem consequências ambientais decorrentes da construção do projeto, mas o promotor concorda em atenuar os efeitos sobre o ambiente. O processo de conclusão de um EIR demora entre 9 e 18 meses (Bass, R., Herson, A., Bogdan, K., 1999, p. 8). O custo da preparação de um EIR varia consoante o âmbito do documento. Não encontrei quaisquer discussões actuais sobre o custo da preparação de um EIR. Para um promotor, a perda de tempo é um grande obstáculo, uma vez que os mercados têm a capacidade de se deteriorar rapidamente e o dinheiro é sempre uma preocupação. O Projeto de Lei do Senado 375, aprovado em 2008, permite uma isenção do CEQA se um empreendimento estiver em conformidade com a Estratégia para Comunidades Sustentáveis de uma região. A Estratégia para Comunidades Sustentáveis estabelece uma visão do uso do solo que reduzirá as emissões de carbono através da criação de comunidades compactas. Assim, se um projeto estiver em conformidade com a Estratégia para Comunidades Sustentáveis, o promotor não terá a despesa de preparar um Relatório de Impacto Ambiental.

Esta análise da literatura mostra que o reconhecimento dos impedimentos ao desenvolvimento da infill não é um conceito novo. Estes impedimentos são uma realidade do mercado. O reconhecimento destes impedimentos pelos municípios levou à criação de instrumentos políticos para ajudar os promotores a implementar projectos de enchimento, uma vez que estas políticas aumentam as margens de lucro para justificar o risco de desenvolvimento de enchimento. A literatura não explica de que forma os instrumentos políticos individuais afectam a viabilidade dos projectos de enchimento. Além disso, não há estudos que comparem os instrumentos de política entre si para descobrir qual é o mais eficiente ou qual cria o maior efeito positivo. Pretendo preencher esta lacuna na literatura, aplicando instrumentos de política a um estudo de viabilidade para descobrir os efeitos e a eficácia dos instrumentos de política.

Capítulo 3. CRESCIMENTO INTELIGENTE

O que é o crescimento inteligente?

O planeamento do crescimento inteligente não pode ser restringido a um determinado conjunto de políticas. Pelo contrário, o crescimento inteligente é um estilo de planeamento ou uma filosofia de planeamento que responde e tenta corrigir os problemas causados por anteriores padrões de desenvolvimento em expansão e que tenta impedir a continuação do desenvolvimento em expansão (Howell-Moroney, 2006; Leigh, 2005). "O crescimento inteligente é um esforço, através da utilização de subsídios públicos e privados, para criar um ambiente favorável à reorientação de uma parte do crescimento regional nas cidades centrais e nos subúrbios" (Burchell et al, 2000:823). A American Planning Association (APA) explica a filosofia do crescimento inteligente com a seguinte definição

...o crescimento inteligente é o planeamento, a conceção, o desenvolvimento e a revitalização de cidades, vilas,   subúrbios e zonas rurais, a fim de criar e promover a equidade   social,   um   sentido   de   lugar   e   de comunidade, e de preservar os recursos naturais e culturais. O crescimento inteligente reforça a integridade ecológica a curto e longo prazo e melhora a qualidade de vida de todos, alargando, de forma fiscalmente responsável, o leque de   opções de transporte, emprego e habitação   disponíveis numa região. (APA, 2002:22)

A organização Smart Growth America (SGA) expande a definição da APA da filosofia do crescimento inteligente com uma lista de seis princípios sobre os quais a filosofia assenta: habitabilidade dos bairros; melhores acessos, menos tráfego; manter os espaços abertos; cidades, subúrbios e vilas prósperas; benefícios partilhados; e custos mais baixos, impostos mais baixos (2006). O primeiro princípio, a habitabilidade *dos bairros,* pode ser considerado como a base da filosofia do crescimento inteligente. De acordo com a SGA, "o objetivo central de qualquer plano de crescimento inteligente é melhorar a qualidade dos bairros onde vivemos" (2006). Isto é conseguido mantendo essas comunidades seguras, convenientes, atractivas e acessíveis, ao mesmo tempo que se evita ter de sucumbir a quaisquer compromissos entre estes objectivos que frequentemente resultam de padrões de desenvolvimento em expansão (SGA, 2006). O segundo princípio da filosofia do crescimento inteligente, *melhor acesso, menos tráfego,* procura remediar o elevado grau de congestionamento do tráfego e os longos tempos de deslocação resultantes da expansão, reorientando os nossos meios e métodos de transporte (Porter, 1999). Esta reorientação inclui a melhoria do acesso regional, a ênfase no intermodalismo, a garantia de que o sistema de transportes regional é funcional para o desenvolvimento futuro e o reforço da economia regional através da ligação dos centros comerciais e de emprego (Burchell et al, 2000; Porter, 1999). "A ênfase do crescimento inteligente na mistura de usos do solo, no agrupamento do desenvolvimento e na oferta de múltiplas opções de transporte" ajuda a mitigar estes problemas, bem como a limitar a poluição e a conservar energia (SGA, 2006).

Para além de proteger o ambiente através da redução da poluição e da conservação de energia, o terceiro princípio da filosofia alarga o nível de proteção, *mantendo os espaços abertos.* Os padrões de desenvolvimento em expansão diminuem a quantidade de terra natural e de vida selvagem natural, ameaçando tanto os recursos naturais como os habitats naturais (Porter, 1999). A proteção destas áreas contra o desenvolvimento futuro não só preservará a beleza da terra, como também ajudará a manter o equilíbrio dos ecossistemas da terra e a sustentar o fornecimento de recursos naturais. Para além disso, proteger partes dos recursos naturais remanescentes do planeta da produção fabril irá "proporcionar um ar mais saudável e água potável mais limpa" (SGA, 2006). Com demasiada frequência, o desenvolvimento não planeado dispersa os recursos e a capacidade de infraestrutura de muitas comunidades. O quarto princípio, *cidades, subúrbios e vilas prósperas,* sugere que o desenvolvimento futuro seja canalizado para as comunidades existentes dentro do ambiente construído para aumentar a quantidade de receitas que os governos locais podem investir em "transportes, escolas, bibliotecas e outros serviços públicos", melhorando assim os recursos e as infra-estruturas das comunidades onde as pessoas já residem (SGA, 2006). "A reorientação de uma parte do crescimento para a área intrametropolitana, combinada com um movimento mais controlado para o exterior, consumiria muito menos capital e menos recursos naturais e permitiria a realização de objectivos de desenvolvimento mais ambiciosos" (Burchell et al, 2000:822).

O quinto princípio, *"custos mais baixos, impostos mais baixos",* reforça esta noção. A expansão urbana representa um encargo financeiro para as autarquias locais. À medida que são criados novos empreendimentos à margem das comunidades existentes, têm de ser construídas novas escolas, estradas, sistemas de água e esgotos e outras infra-estruturas para os facilitar. O ónus destes custos é imputado aos actuais residentes pelos novos empreendimentos. À medida que os novos empreendimentos são construídos a distâncias cada vez maiores dos núcleos dessas comunidades, os residentes desses empreendimentos terão de percorrer distâncias cada vez maiores para chegar ao seu emprego ou centro comercial, o que implica custos ainda maiores. O crescimento inteligente ajuda a eliminar ambos os problemas:

...tirar partido das infra-estruturas existentes mantém os impostos baixos. E quando as opções de transporte convenientes permitem que as famílias dependam menos da condução, sobra mais dinheiro para outras coisas, como comprar uma casa ou poupar para a universidade. (SGA, 2006) O sexto e último princípio, *benefícios partilhados*,

reconhece que a expansão urbana promove um fosso residencial económico. À medida que os empregos se deslocam das zonas degradadas para zonas suburbanas mais prósperas, os residentes com baixos rendimentos lutam para encontrar oportunidades de emprego, educação e cuidados de saúde adequados. A par desta tendência, "há também um interesse por parte das famílias de rendimento médio e moderado das cidades centrais em se suburbanizarem. Este movimento resulta do facto de as famílias das minorias procurarem os benefícios de melhores oportunidades de educação nas áreas metropolitanas" (Burchell et al, 2000:822). O crescimento inteligente esforça-se por eliminar esta divisão e incentiva os residentes de todos os níveis de rendimento a participar na economia da comunidade e a tirar partido de todas as oportunidades que esta oferece.

Os custos da expansão versus os benefícios económicos do crescimento inteligente Os promotores imobiliários, que procuram obter lucros, podem não ver a expansão como uma ideia assim tão má. Se surgir a oportunidade de aquisição de terrenos, os promotores farão rapidamente a compra e avançarão com os seus planos de desenvolvimento sem pensar na forma como o seu novo desenvolvimento poderá contribuir para o grau de expansão de uma zona. No entanto, para a jurisdição e para as localidades circundantes em que este novo empreendimento se situa, os custos da expansão resultante deste empreendimento podem ser bastante dispendiosos.

Antes da década de 1970, não tinham sido compiladas quaisquer análises empíricas substanciais que sugerissem que a prática de um desenvolvimento de alta densidade bem planeado tivesse mais benefícios fiscais do que um desenvolvimento de baixa densidade em expansão. A falta desta informação permitiu que os planeadores desenvolvessem terrenos por sua própria iniciativa, sem ter em conta o custo das instalações e infra-estruturas de capital ou o impacto que estes desenvolvimentos poderiam ter no custo da prestação de serviços para as áreas das suas administrações locais. No entanto, começando com um relatório da Real Estate Research Corporation (RERC) em 1974 e continuando com várias análises do impacto da expansão ao longo das décadas seguintes, as autarquias locais passaram a ter acesso a relatórios que detalhavam factualmente as poupanças que poderiam ser obtidas através de um desenvolvimento bem planeado e de alta densidade e da filosofia do crescimento inteligente. De acordo com o BDP, "em comparação com as comodidades de uma comunidade bem planeada com o mesmo número de agregados familiares, as estradas em zonas de expansão custam 25% mais, os serviços públicos custam 20% mais e as escolas 5% mais... para um desenvolvimento residencial típico de expansão, estes serviços públicos custam uma média de 1,17 dólares por cada 1 dólar gerado através de impostos" (2001:1). Estes aumentos criam uma carga fiscal mais pesada para os residentes de todo o Estado em que se situa a zona de expansão. Uma vez que grande parte das infra-estruturas dos novos projectos de desenvolvimento são construídas antes da chegada dos novos residentes, as cidades onde se situa o novo desenvolvimento sofrerão quebras de receitas e não poderão pagar os serviços prestados no âmbito do novo desenvolvimento. Por conseguinte, para compensar essas quebras, essas cidades têm de procurar subsidiar as suas perdas através dos impostos gerais do Estado. Assim, os custos do desenvolvimento em expansão serão distribuídos por todos os residentes do Estado e, de certa forma, estes novos desenvolvimentos dispendiosos são subsidiados por aqueles que não colhem nenhum dos seus benefícios.

A aplicação da filosofia de planeamento do crescimento inteligente ajuda a reduzir os custos para os governos e os cidadãos afectados pelo desenvolvimento em expansão. O planeamento futuro com recurso a técnicas de crescimento inteligente, como o desenvolvimento infill, a mistura de usos do solo e o desenvolvimento em clusters, pode poupar recursos. Burchell et al. (2000) concluem:

... para os Estados Unidos no seu conjunto, durante um período de 25 anos, [estas poupanças] poderiam ascender a 250 mil milhões de dólares. Três quartos das poupanças seriam sob a forma de poupanças nos custos de habitação e desenvolvimento para promotores residenciais e não residenciais e novos compradores de casas/locatários de edifícios comerciais. Outros 15% seriam poupanças em estradas para os governos locais e estatais; cerca de 6% seriam poupanças em terrenos para os governos locais e estatais; e, finalmente, 4% seriam poupanças em serviços de desenvolvimento, novamente para os promotores imobiliários e ocupantes de novas estruturas

(827).

De acordo com Burchell et al. (2000), "se o parque habitacional dos EUA crescesse 1% ao ano e o emprego crescesse 1,5% ao ano, mais de 3 milhões de acres seriam poupados ao desenvolvimento entre 2000 e 2025" (829). Além disso, a utilização de técnicas de crescimento inteligente "poderia resultar numa poupança de cerca de 5.790 dólares por cada nova unidade de habitação. Considerando o número de unidades de desenvolvimento residencial projectadas para serem construídas entre 2000 e 2025, isto equivaleria a uma poupança de $145 mil milhões" (Burchell et al, 2000:830). O planeamento do crescimento inteligente reduzirá o custo de fornecimento de infra-estruturas e, em menor grau, reduzirá o custo da prestação de serviços (Brookings Institute, 2004). O planeamento do crescimento inteligente também tem demonstrado melhorar o desempenho económico de áreas metropolitanas inteiras que o implementam e pode ajudar a reforçar o desempenho económico de regiões geográficas inteiras (Brookings Institute, 2004). Em suma, crescimento inteligente é igual a dinheiro inteligente.

Instalações e infra-estruturas de capital

No seu trabalho pioneiro sobre o impacto do custo dos padrões de desenvolvimento alastrante, o RERC (1974) observou que os padrões de desenvolvimento bem planeados e de alta densidade, frequentemente associados à filosofia do crescimento inteligente, poderiam reduzir o custo de fornecimento de infra-estruturas em cerca de 47%, em comparação com os custos de fornecimento das mesmas infra-estruturas a empreendimentos alastrantes e de baixa densidade. De facto, em dólares de 1973, os custos de infra-estruturas das urbanizações planeadas de alta densidade eram em média de 5 167 dólares, enquanto os custos de infra-estruturas das urbanizações dispersas de baixa densidade eram em média de 9 776 dólares por 10 000 novas unidades de habitação/empresas (RERC, 1974). Embora este estudo tivesse as suas falhas (não teve em conta os custos escolares e as futuras instalações de capital regional), abriu caminho para futuras investigações sobre o tema.

Em 1989, o Urban Land Institute (ULI) analisou novamente os resultados do RERC e chegou a conclusões semelhantes. Comparando oito padrões de desenvolvimento diferentes, numa escala de alta densidade a baixa densidade, o relatório concluiu que o custo de fornecimento de infra-estruturas como ruas, esgotos, sistemas de água, drenagem de águas pluviais e escolas para as áreas de desenvolvimento mais densas e mais concentradas era, em média, de 20 300 dólares por unidade de habitação e de uns espantosos 92

000 dólares por unidade de habitação para casas situadas a 16 km de "instalações centrais" em áreas com zonas de residência para fins imobiliários (1 unidade de habitação por 4 acres) (Brookings Institute, 2004). Além disso, mantendo constante a variável da distância (10 milhas das "instalações centrais"), os empreendimentos com níveis de densidade de 3 unidades por acre reduziriam os custos de capital da infraestrutura para cerca de 48 000 dólares por unidade de habitação. Se, a essa distância, os empreendimentos se concentrassem ainda mais para 12 unidades por acre, o custo das infra-estruturas poderia, mais uma vez, ser reduzido para metade, custando cerca de 24 000 dólares por unidade (Brookings Institute, 2004). Também em 1989, uma equipa liderada por Duncan fez avançar o estudo dos custos do crescimento, alargando a investigação para além da densidade e centrando-se nos custos regionais mais amplos de diferentes cenários de desenvolvimento. Em vez de basear estes custos em desenvolvimentos hipotéticos, como fizeram o RERC e o Urban Land Institute, a equipa de Duncan comparou os custos reais de 8 desenvolvimentos diferentes, representando 5 estilos de desenvolvimento (compacto, contíguo, satélite, linear e disperso) no estado da Florida. As conclusões da equipa Duncan estavam de acordo com as conclusões do RERC e do Urban Land Institute. Os custos de capital e de infra-estruturas das áreas compactas foram, em média, de $9.252 por unidade, em comparação com a média de $23.960 por unidade das áreas consideradas mais dispersas e alastrantes (Duncan et al, 1989).

Além disso, a equipa de Duncan concluiu que os padrões de desenvolvimento de crescimento inteligente poderiam poupar aproximadamente 60% dos custos rodoviários associados a um desenvolvimento não planeado e 40% dos custos dos serviços públicos (1989).

Ao longo da década de 1990, equipas lideradas por Robert Burchell compilaram ainda mais provas dos custos poupados pelo aumento dos níveis de densidade de desenvolvimento de uma comunidade, utilizando como modelos os padrões de desenvolvimento nos estados de Nova Jérsia, Carolina do Sul e Michigan. As poupanças geradas em zonas de alta densidade, só no que diz respeito à construção de estradas, foram de 12% na Carolina do Sul, 12% no Michigan e uns impressionantes 26% em Nova Jersey (Brookings Institute, 2004). A equipa de Burchell também calculou que os padrões de desenvolvimento agrupado poupariam aos três estados mais de 870 milhões de dólares em custos rodoviários locais, reduzindo os seus encargos em cerca de 23% (Brookings Institute, 2004). As poupanças na construção de redes de água e esgotos variaram entre 8% em Nova Jersey, 13% no Michigan e 14% na Carolina do Sul (Brookings Institute, 2004). A equipa de Burchell concluiu que o estado de Nova Jérsia poderia poupar 2,32 mil milhões de dólares, ou seja, cerca de 15% do custo de fornecimento de infra-estruturas de água e esgotos às suas comunidades entre 2000 e 2020, se adoptasse métodos de planeamento de crescimento inteligente (Brookings Institute, 2004). A equipa de Burchell teorizou que mais de metade destas poupanças seriam geradas por uma diminuição dos montantes globais de utilização de água/esgotos e da utilização das infra-estruturas existentes, em resultado de padrões de desenvolvimento mais agrupados e concentrados.

Em 2002, a equipa de Burchell alargou a sua investigação a todo o país e compilou dados de poupança para os 50 estados. Basearam os seus cálculos num período de 25 anos (20002025) no critério de os estados reduzirem a expansão em 25%. Os seus resultados foram surpreendentes. Os seus cálculos pressupunham que, enquanto nação, os Estados Unidos e os seus governos poderiam poupar 110 mil milhões de dólares e mais de 188.000 quilómetros de construção de estradas locais até 2025, utilizando padrões de desenvolvimento de crescimento inteligente (Burchell et al, 2002). Embora as poupanças nos sistemas de água e esgotos não fossem tão substanciais como as poupanças na construção de estradas a nível nacional, a equipa de Burchell concluiu que 12,6 mil milhões de dólares, cerca de 6,6% do custo, poderiam ser poupados através de técnicas de crescimento inteligente (2002).

De acordo com o TCRP (2000), partindo do princípio de que o crescimento descontrolado e os padrões de desenvolvimento alastrante se manterão nos próximos 20 anos, "os promotores e os governos locais dos Estados Unidos gastarão mais de 190 mil milhões de dólares em infra-estruturas de água e esgotos que serão necessárias para acomodar os mais de 18 mil milhões de galões de capacidade adicional de água e esgotos necessários" (9). Por outro lado, se forem utilizados métodos de planeamento de crescimento inteligente para travar este crescimento, "podem ser poupados mais de 150 milhões de galões de água e esgotos por dia" (TCRP, 2000:9).

Todos estes estudos chegam à mesma conclusão. O desenvolvimento futuro que utiliza a filosofia de planeamento do crescimento inteligente custa menos dinheiro às autarquias locais do que o desenvolvimento não planeado e em expansão. Com base nestes estudos, estima-se que os custos poupados com a aplicação de técnicas de crescimento inteligente poderão atingir uma média de 10 a 20% do custo das infra-estruturas nos próximos 25 anos.

Prestação de serviços públicos

É amplamente afirmado que as poupanças obtidas pelas autarquias locais em matéria de despesas de capital e de infra-estruturas, em resultado do planeamento do crescimento inteligente, são maiores do que as poupanças esperadas em relação aos custos da prestação de serviços públicos (RERC, 1974; Burchell et al, 1992,1998; Burchell, Dolphin, & Galley, 2000; Bollinger, Berger, & Thompson, 2001; Brookings Institute, 2004). No entanto, a redução dos custos de infra-estruturas, associada a concentrações residenciais de maior densidade, também proporciona às administrações locais algum alívio nas despesas com a prestação de serviços.

A equipa de Burchell, que realizou os seus estudos com modelos baseados nos padrões de desenvolvimento encontrados em Nova Jérsia, Michigan e Carolina do Sul, chegou a uma conclusão semelhante. A equipa de Burchell descobriu que, em Nova Jérsia, a implementação de planos de desenvolvimento de crescimento inteligente poupou, em média, 400 milhões de dólares. Estas poupanças deram uma vantagem fiscal de 2%, por ano, às localidades e aos distritos escolares do estado (Brookings Institute, 2004). Estas poupanças foram efetivamente maiores nos estados do Michigan e da Carolina do Sul. Esperava-se que os planos de crescimento inteligente implementados no Michigan gerassem um ganho de receita de 4% e que os planos implementados na Carolina do Sul gerassem uma vantagem de receita de 5% para os governos locais anualmente (Brookings Institute, 2004). No mesmo estudo de 2002 que calculou as poupanças nos custos das infra-estruturas nos 25 anos seguintes, a equipa de Burchell concluiu que a aplicação de métodos de planeamento do crescimento inteligente poderia reduzir os custos dos serviços públicos em cerca de 4,2 mil milhões de dólares, ou seja, 3,7%, durante o mesmo período. Os professores da Universidade do Kentucky, Bollinger, Berger e Thompson, realizaram um estudo de dez anos (1987-1997) comparando os custos dos serviços públicos entre os condados do Kentucky que implementaram controlos de crescimento e os que não o fizeram. As suas conclusões apontaram consistentemente para a redução dos custos dos serviços nos condados que consideraram compactos em relação aos condados que consideraram em expansão. Por exemplo, no condado compacto de Fayette, que inclui a cidade de Lexington, o estudo concluiu que, por cada 1.000 novos residentes adicionais que se mudaram para a área, os custos dos serviços diminuíram 1,08 dólares por pessoa. Em contraste, no condado de Jefferson, que inclui a cidade de Louisville, o estudo mostrou que cada adição de 1.000 novos residentes levou a um aumento de 36,82 dólares por pessoa para acomodar os serviços (Bollinger et al, 2001).

Em 1999, a H.C. Planning Consultants, Inc., para o projeto Grow Smart Rhode Island, concluiu que a implementação do crescimento inteligente poderia poupar aos residentes do estado um total de 181 milhões de dólares em custos operacionais de serviços públicos durante as duas décadas seguintes (Brookings Institute, 2004). Além disso, o relatório mostra que "o crescimento inteligente em Rhode Island poderia aumentar as receitas fiscais das cidades centrais em 39 milhões de dólares por ano ou 782 milhões de dólares nos próximos 20 anos" (Brookings Institute, 2004). Combinando as poupanças resultantes dos custos de funcionamento dos serviços públicos com a geração de receitas adicionais provenientes dos impostos sobre a propriedade, prevê-se que as poupanças resultantes de um crescimento controlado e compacto poupem aos residentes de Rhode Island mais de 1,4 mil milhões de dólares ao longo dos próximos 20 anos (Brookings Insitute, 2004).

Desempenho económico e despesas

É evidente que as técnicas de planeamento do crescimento inteligente podem poupar grandes quantidades de receitas às autarquias locais no que respeita aos custos das infra-estruturas e da prestação de serviços públicos. Os dados também apontam para o facto de estas técnicas poderem reforçar o desempenho económico destas comunidades em todo o país. Os investigadores começaram a demonstrar que "os principais objectivos do crescimento inteligente, como a compacidade, a densidade, a boa integração do uso do solo e dos transportes, os sistemas de gestão do crescimento e os centros urbanos rejuvenescidos, podem estar associados a um maior crescimento económico" (Brookings Institute, 2004).

Em teoria, o aumento dos níveis de densidade funcionará como um incentivo para os governos locais atraírem novas empresas na sua busca de desenvolvimento económico. Ciccone e Hall concluíram que densidades mais elevadas reduzirão os custos de transporte, colocando os empregados e as suas empresas mais perto uns dos outros, para além de ajudarem a agrupar organizações empresariais semelhantes e complementares. Os seus dados estimam que a duplicação dos níveis de densidade aumentará efetivamente a produtividade média em 6% (Ciccone & Hall, 1996). Além disso, o seu estudo concluiu que os trabalhadores dos dez estados mais densos "produziam anualmente 38 782 dólares de valor, enquanto os trabalhadores dos dez estados menos densos produziam apenas 31 578 dólares - cerca de 25% menos" (1996). As conclusões de Ciccone e Hall foram alargadas num estudo de 2000 realizado por Cervero. Cervero concluiu que os "benefícios económicos da compacidade e da concentração ultrapassavam impactos negativos como o congestionamento das auto-estradas" (2000). Os resultados de Cervero ecoaram os do estudo de Ciccone e Hall e concluíram que "as cidades em que as empresas se encontram perto dos mercados de trabalho e em que as infra-estruturas de transportes funcionam rapidamente têm uma maior produção económica por trabalhador" (2000).

Nelson e Peterman acrescentam mais um aspeto a esta discussão. Descobriram que as áreas metropolitanas que implementaram técnicas de crescimento inteligente "registaram uma melhoria de 1% na sua quota de mercado em relação a outras áreas metropolitanas" que não utilizaram essas práticas durante um período de 20 anos, de 1972 a 1992 (Nelson & Peterman, 2000). Além disso, foi demonstrado que densidades mais elevadas melhoram a eficácia dos esforços de investigação e desenvolvimento de uma comunidade. Carlino, num estudo de 2001, concluiu que níveis elevados de densidade aumentavam efetivamente a capacidade de inovação de uma zona. De acordo com os dados de Carlino, o número de patentes per capita aumentou, em média, 20 a 30% numa área metropolitana por cada duplicação da densidade (2001).

Mitos do crescimento inteligente

Alguns funcionários da administração local são cépticos em relação à filosofia do crescimento inteligente e consideram-no um obstáculo ao desenvolvimento futuro, tendo formado opiniões negativas quanto ao êxito da aplicação de políticas de crescimento inteligente (ULI, 1999).

Burchell et al (2000) referem que:

A nível local, houve ocasionalmente um presidente de câmara ou um executivo municipal que abraçou ativamente o crescimento inteligente. No entanto, de um modo geral, os líderes locais têm-se mantido relativamente silenciosos em relação ao crescimento inteligente, especialmente se, ao serem "vocais", puderem diminuir o crescimento futuro do emprego (859).

Como resultado, vários mitos sobre o crescimento inteligente permearam o clima e precisam de ser abordados. Os mitos mais prevalecentes, de acordo com o Urban Land Institute (ULI), incluem: o crescimento inteligente é, na verdade, uma palavra de código para "não crescimento"; o crescimento inteligente é anti-subúrbio; o crescimento inteligente cria outra camada de regulamentação governamental; e o crescimento inteligente não é comercializável (1999).

De acordo com o ULI (1999), os cépticos sugerem que o planeamento do crescimento inteligente é simplesmente uma máscara para parar completamente o crescimento. Embora o planeamento do crescimento inteligente ajude a controlar o crescimento e a concentrar a expansão, a filosofia do crescimento inteligente compreende que o crescimento é inevitável. De acordo com o U.S. Census Bureau, até 2020, a população dos Estados Unidos deverá aumentar em 58 milhões de pessoas, ou seja, cerca de 21% (Census, 1996). Devido a este crescimento, a procura de habitação e de espaço para escritórios deverá continuar a aumentar. De facto, o Joint Center for Housing Studies (HJCHS) da Universidade de Harvard prevê que o número de novos agregados familiares a construir na presente década ultrapasse os 16 milhões (HJCHS, 1999). Com o crescimento populacional previsto, as autarquias locais deverão beneficiar de aumentos significativos das receitas, o que lhes permitirá investir mais em infra-estruturas e melhorias dos serviços públicos. A filosofia do crescimento inteligente congratula-se tanto com o aumento esperado da população como com o aumento esperado das receitas. Prevendo o crescimento com bastante antecedência, o crescimento inteligente procura aproveitar estes aumentos para reforçar a economia e a qualidade de vida de uma forma pró-crescimento.

Uma vez que a filosofia do crescimento inteligente reconhece o crescimento como inevitável e desejável, o crescimento inteligente "encoraja o desenvolvimento que vai ao encontro dos múltiplos objectivos no centro da cidade, nos subúrbios e nas zonas periféricas suburbanas" (ULI, 1999:6). Os críticos da filosofia do crescimento inteligente afirmam a perceção de que o crescimento inteligente procura afastar o crescimento de locais desejáveis, nomeadamente os subúrbios. De acordo com o ULI, "os consumidores de hoje querem sentir-se enraizados numa comunidade, e as subdivisões suburbanas padrão que fomentam o isolamento social, os usos segregados do solo, a dependência do automóvel e as longas deslocações não reflectem necessariamente as necessidades dos compradores de casa" (1999:6). O crescimento inteligente não pretende limitar a habitação suburbana, mas antes procura reinventar o subúrbio para criar um sentimento de comunidade. De facto, como afirmam Burchell et al (2000),

se o crescimento inteligente é o controlo do movimento para o exterior nas áreas metropolitanas dos Estados Unidos   , o conceito deve, em última análise, lidar com a preferência

dos agregados familiares americanos vivem em habitações unifamiliares e possuem e conduzem pelo menos um automóvel (860).

De acordo com o Fannie Mae National Housing Survey de 1997, 70% dos americanos afirmaram preferir viver nos subúrbios, em pequenas cidades não próximas de uma cidade ou em zonas rurais. Além disso, prevê-se que cerca de 90% de todo o crescimento futuro de unidades de habitação nos próximos 25 anos se fará fora dos centros urbanos (Woods & Poole

Economics, 1999). No entanto, à medida que as subdivisões locais se tornam mais isoladas, os governos locais têm dificuldade em fornecer serviços públicos adequados a essas áreas, tanto do ponto de vista fiscal como operacional. Em resposta a este problema, o crescimento inteligente incentiva as áreas suburbanas a criar estratégias abrangentes de utilização do solo para promover "o desenvolvimento suburbano que ocorre no contexto das comunidades locais existentes", incluindo soluções para futuras infra-estruturas, alternativas de transporte, áreas recreativas para crianças e outras questões de qualidade de vida (ULI, 1999:6). Há críticos que acreditam que a implementação de políticas de crescimento inteligente apenas acrescentará mais uma camada ao processo regulamentar dos governos locais (ULI, 1999). Esta perceção não poderia estar mais longe da verdade. Embora o crescimento inteligente esteja, de facto, preocupado com uma estratégia sólida de utilização dos solos, com o controlo do crescimento e com a prestação de serviços adequados, a sua filosofia não restringe nem complica a capacidade de funcionamento de uma administração local. Muito pelo contrário, "o crescimento inteligente procura reformar as políticas regulamentares rigorosas e simplificar os procedimentos para que os projectos desejáveis sejam mais fáceis - e não mais difíceis - de construir" (ULI, 1999:8). A abordagem do crescimento inteligente ajuda, de facto, a eliminar o desperdício de regulamentação e a simplificar a atividade operacional da administração local. Ao limitar e reformar os actuais regulamentos segregados de zonamento da utilização do solo, o crescimento inteligente procura garantir que o solo possa ser utilizado no seu potencial mais eficaz e eficiente, a fim de melhorar o desempenho económico de uma área e reforçar a qualidade de vida dos seus residentes.

Outros críticos argumentam que a comercialização do crescimento inteligente é limitada devido ao facto de a maioria das pessoas querer viver nos subúrbios, longe da atmosfera agitada da cidade (ULI, 1999). No entanto, a ideia de comunidades de alta densidade e bem planeadas é atraente tanto para os compradores de casas como para os proprietários de empresas. Embora seja verdade que o planeamento do crescimento inteligente procura reenergizar as áreas urbanas, também é verdade que as técnicas de planeamento do crescimento inteligente podem contribuir para tornar as áreas urbanas e suburbanas mais atractivas para os potenciais residentes.

Sondagens recentes sugerem que as pessoas estão dispostas e querem viver em comunidades mais bem planeadas que ofereçam uma miríade de alternativas de transporte e utilizações mistas do solo. Num inquérito realizado pela America Lives Inc., os compradores de novas casas estão a rejeitar a conceção suburbana tradicional; querem que o novo desenvolvimento assuma a forma de uma pequena cidade tradicional com um centro urbano no seu núcleo (ULI, 1999). Outro inquérito, realizado pela Gallup, sugere que um número significativo de americanos prefere viver numa pequena cidade a viver num subúrbio (ULI, 1999). O tamanho dos lotes residenciais como preferência para a localização da casa também não é um fator tão importante como os críticos acreditam. De acordo com Burchell (1997), o tamanho dos lotes pode diminuir 20 a 25% antes de os compradores começarem a objetar. É evidente, pelos números destas sondagens, que o mercado para o planeamento do crescimento inteligente é substancial e está a aumentar à medida que mais pessoas começam a procurar as comodidades, as opções de transporte e o aumento da qualidade de vida que uma comunidade bem planeada pode proporcionar (ULI, 1999).

Como se consegue um crescimento inteligente?

Como já foi referido, o planeamento do crescimento inteligente é uma filosofia. Dentro da estrutura da filosofia, os governos locais podem implementar certas técnicas de crescimento inteligente para colocar as suas comunidades no caminho para um crescimento mais inteligente. Nem todas as comunidades desejam ou têm a capacidade de se tornar uma comunidade de crescimento inteligente de pleno direito, mas para as comunidades que desejam adotar uma agenda de crescimento inteligente completa, a SGA compilou uma lista de verificação de 10 pontos (mostrada na Figura 1) que os governos locais podem seguir para alcançar um crescimento inteligente completo.

Figura 1: Lista de controlo de 10 pontos do SGA

Ferramentas para um crescimento inteligente integral

1) Mistura de usos do solo

2) Tirar partido dos activos comunitários existentes

3) Criar uma gama de oportunidades e opções de habitação

4) Fomentar bairros "transitáveis" e próximos

5) Dar às comunidades um forte sentido de lugar

6) Preservar o espaço aberto, as terras agrícolas, a beleza natural e as zonas ambientais críticas

7) Reforçar e incentivar o crescimento das comunidades existentes

8) Proporcionar uma variedade de opções de transporte

9) Tornar as decisões de desenvolvimento previsíveis, justas e rentáveis

10) Incentivar a participação dos cidadãos e das partes interessadas nas decisões de desenvolvimento

O primeiro passo para se tornar uma comunidade de crescimento inteligente implica a mistura de usos do solo. De acordo com a SGA (2005), "o desenvolvimento novo e agrupado funciona melhor se incluir uma mistura de lojas, empregos e casas". As comunidades que conseguem misturar os usos do solo melhoram a qualidade de vida dos seus residentes, eliminando os tempos de deslocação de longa distância, diversificando o estilo da zona e melhorando a base comercial da zona (ICMA, 2001). Para além da mistura de usos do solo, as comunidades devem também tirar partido dos activos comunitários existentes. "Desde parques locais a escolas de bairro e sistemas de trânsito, os investimentos públicos devem concentrar-se em tirar o máximo partido do que já foi construído" (SGA, 2005). Para alcançar um crescimento inteligente, as comunidades devem criar uma gama de oportunidades e escolhas de habitação. O ICMA (2001) também afirma que:

Para além de melhorar a qualidade de vida de um agregado familiar, a habitação pode garantir um melhor equilíbrio entre emprego e habitação e gerar uma base sólida de apoio às paragens de trânsito do bairro, centros comerciais e outros serviços, atenuando assim os custos ambientais do desenvolvimento dependente do automóvel (17-18).

A SGA salienta que um dos maiores atributos da sociedade é o facto de as pessoas quererem coisas diferentes. Nem toda a gente quer viver no mesmo tipo de casa. Em resposta, "as comunidades devem oferecer um leque de opções: casas, condomínios e casas a preços acessíveis para famílias com baixos rendimentos" (SGA, 2005). As comunidades de crescimento inteligente também devem promover bairros "caminháveis" e muito unidos. A SGA acredita que este tipo de comunidades não só oferece a oportunidade de caminhar, mas também algo para onde caminhar, como "a loja da esquina, a paragem de trânsito ou a escola" (2005). "As comunidades que podem ser percorridas a pé são essenciais para atingir os objectivos do crescimento inteligente porque melhoram a mobilidade, reduzem as consequências ambientais negativas, reforçam as economias e apoiam comunidades mais fortes através de uma melhor interação social" (ICMA, 2001:26).

As comunidades que pretendem alcançar um crescimento inteligente pleno devem também "promover comunidades distintas e atractivas com um forte sentido de lugar" (SGA, 2005). Todas as comunidades têm certas características que as tornam especiais e únicas. O crescimento inteligente procura preservar essas características, "criando um sentimento de orgulho cívico e apoiando um tecido comunitário mais coeso" (ICMA, 2001:34). "As pessoas querem manter-se ligadas à natureza e estão dispostas a tomar medidas para proteger as explorações agrícolas, os cursos de água, os ecossistemas e a vida selvagem" (SGA, 2005). Em resposta, o crescimento inteligente preserva o ambiente, os espaços abertos e as terras agrícolas "combatendo a poluição atmosférica, atenuando o ruído, controlando o vento, proporcionando o controlo da erosão e moderando as temperaturas" (ICMA, 2001:44). Para garantir que estas terras permaneçam protegidas, o crescimento inteligente incentiva as comunidades a reforçarem-se e a desenvolverem-se dentro das áreas existentes. O crescimento inteligente também incentiva os governos locais a fornecer aos residentes das suas comunidades uma variedade de opções de transporte. "As pessoas não podem sair dos seus carros se não lhes proporcionarmos outra forma de chegarem ao seu destino. Mais comunidades precisam de transportes públicos seguros e fiáveis, passeios e ciclovias" (SGA, 2005). Além disso, o crescimento inteligente foi concebido para tornar as decisões de desenvolvimento previsíveis, justas e económicas (SGA, 2005). "Para que o crescimento inteligente floresça, os governos estatais e locais devem fazer um esforço para tomar decisões de desenvolvimento que apoiem a inovação de uma forma mais atempada, económica e previsível para os promotores" (ICMA, 2001:70). Finalmente, as comunidades de crescimento inteligente devem encorajar a participação dos cidadãos e das partes interessadas nas decisões de desenvolvimento (SGA, 2005). Como refere a SGA (2005), "os planos sem um forte envolvimento dos cidadãos não têm poder de permanência".

Política de crescimento inteligente

Participação da comunidade

Dado que qualquer plano de crescimento inteligente consistirá em políticas que poderão ter efeitos drásticos no futuro aspeto, dimensão e clima social de uma determinada comunidade, é importante que os governos locais envolvam os seus cidadãos no processo, especialmente durante as fases iniciais do desenvolvimento do plano. Os municípios da área metropolitana de Portland, Oregon, enquanto desenvolviam o plano global da sua região, conceberam um método para obter a ajuda dos seus residentes, fornecendo cassetes de vídeo com vários objectivos de planeamento futuro e ilustrando as várias formas como a área poderia atingir esses objectivos.

Estas cassetes de vídeo foram postas à disposição do público, gratuitamente, para serem consultadas nos locais da Blockbuster Video em toda a zona. Como resultado desta campanha, os municípios da área de Portland receberam mais de 17.000 comentários e sugestões dos cidadãos relativamente aos futuros planos de desenvolvimento da sua comunidade (ICMA, 2001). Embora este método tenha funcionado bem para os governos da área de Portland, existem outras técnicas que os governos locais podem utilizar para envolver o público neste processo. Outros exemplos destas técnicas incluem a realização de reuniões na câmara municipal, parcerias com associações de moradores e a implementação da utilização de inquéritos através de correio direto.

Direcionar o desenvolvimento para as áreas existentes

Uma vez que as autarquias locais tenham envolvido os seus cidadãos no processo de planeamento, podem então prosseguir agressivamente uma agenda de crescimento inteligente, começando com planos para direcionar o desenvolvimento para as áreas desenvolvidas existentes. Com demasiada frequência, os padrões de desenvolvimento alastrante deixam as comunidades com bolsas de áreas urbanas degradadas a necessitarem de reabilitação. Além disso, a caraterística de "salto" dos padrões de desenvolvimento em expansão deixa vastas quantidades de terra entre os subúrbios que podem ser desenvolvidas para ajudar a controlar o crescimento futuro. Talvez a forma mais abrangente de um governo local restringir o desenvolvimento futuro das comunidades existentes seja estabelecendo um Limite de Crescimento Urbano (UGB). Portland, a maior cidade do estado do Oregon, desenvolveu uma UGB para ser colocada à volta da sua cidade e de 24 dos seus subúrbios circundantes para limitar não só o crescimento físico da região, mas também para restringir as áreas de terreno que podem ser desenvolvidas. A UGB estava em conformidade com os ideais de uma comissão regional que estabeleceu objectivos relativos ao desenvolvimento e ao desenvolvimento económico da região. Um desses objectivos centrava-se numa política de habitação equitativa na região. Uma das principais estipulações da UGB de Portland era que cada município dentro do limite fornecesse "habitação necessária e adequada que satisfizesse as necessidades de habitação de agregados familiares de todos os níveis de rendimento" (Toulan, 1994). Os estudos mostram agora que, com a implementação desta política, os valores médios das habitações estão a baixar e a tornar-se cada vez mais acessíveis aos residentes de níveis de rendimento alto, moderado e baixo (Indicators of Western U.S. Economy, 2000). De facto, as taxas de propriedade de habitação estão a aumentar mais rapidamente em Portland do que em cidades americanas comparáveis, como Atlanta (Peirce, 2000). Para além disso, apesar de a população de Portland ter aumentado 25% entre 1980 e 1994, a quantidade de terrenos urbanizados aumentou apenas 16% na UGB (Abbott, 2002). É possível que alguns cidadãos e promotores imobiliários não vejam com bons olhos o estabelecimento de uma UGB para controlar o crescimento futuro e os padrões de desenvolvimento. Haverá sempre uma tensão entre os cidadãos relativamente à forma como valorizam os ideais de liberdade versus os ideais de segurança, equidade e eficiência. O facto de os governos locais de outras áreas metropolitanas decidirem ou não que uma UGB é adequada para as suas comunidades dependerá de muitos factores específicos da área. No entanto, com ou sem uma UGB, os governos locais podem implementar muitas políticas diferentes para ajudar a controlar o crescimento e direccioná-lo para áreas existentes.

As zonas industriais abandonadas, áreas atualmente degradadas ou abandonadas, que foram outrora utilizadas para fins industriais ou comerciais, podem ser objeto de reabilitação por parte dos governos locais. Muitas destas zonas industriais estão quimicamente contaminadas e "os requisitos ambientais federais impõem custos às autarquias ou aos potenciais compradores para a limpeza das zonas industriais" (Savitch, 2000:149). Devido a estes requisitos, a responsabilidade pela limpeza torna-se um obstáculo significativo para as autarquias locais que pretendem reabilitar as zonas industriais abandonadas. No entanto, através da iniciativa federal "Livable Communities", as autarquias locais podem ultrapassar este obstáculo emitindo obrigações de crédito fiscal para ajudar a cobrir a responsabilidade financeira do esforço de limpeza (Savitch, 2000).

As autarquias locais podem incentivar a requalificação de áreas industriais abandonadas, seleccionando estas parcelas e disponibilizando-as prontamente aos promotores para projectos de requalificação. Programas locais sólidos de áreas industriais abandonadas são um componente essencial dos planos de crescimento inteligente. Uma técnica que os governos locais podem utilizar para reforçar o seu programa de áreas industriais abandonadas é adotar um programa de financiamento prioritário do tipo "reparar primeiro" (ICMA, 2001). Ao dar prioridade à reabilitação e modernização das instalações existentes, os governos locais podem parar ou diminuir a taxa de deterioração da infraestrutura existente. Como resultado, os promotores não têm de se preocupar com a substituição das infra-estruturas para poderem concluir um projeto. As autarquias locais podem também utilizar o imposto sobre a propriedade com taxa dividida para incentivar o desenvolvimento e a reabilitação de zonas industriais abandonadas e degradadas (ICMA, 2001). Este mecanismo estimula o desenvolvimento, transferindo a carga fiscal dos promotores e proprietários de terrenos das melhorias estruturais para o próprio terreno. Esta técnica aumenta as consequências fiscais para o promotor ou para o proprietário do terreno se o terreno vago for deixado inativo.

Paul Port Authority Brownfields Program da área de Minneapolis/St. Paul, Minnesota. O programa identificou 50 locais e orientou-os para a reconversão com base numa lista de critérios, incluindo a extensão dos custos de desenvolvimento, a configuração do local, o nível de desemprego na zona imediata, a falta de habitações e a percentagem de imóveis para arrendamento (Simons, 1996). Com base nestes critérios, a Autoridade Portuária atribui estas parcelas aos promotores que concordam em atrair e reter empresas, manter padrões de eficiência energética e assegurar a contratação de trabalhadores locais e salários competitivos (Simons, 1996). A partir de 1996, o programa gerou mais de 2 milhões de dólares anuais em receitas de impostos sobre a propriedade e criou mais de 1.500 empregos (Simons, 1996).

Para além da reabilitação de zonas industriais abandonadas, as autarquias locais devem também concentrar-se na reabilitação de outras áreas das suas comunidades, incluindo edifícios e bairros históricos, áreas degradadas ao longo de linhas de trânsito existentes e áreas ao longo e adjacentes a cursos de água. No caso de edifícios históricos desocupados que se encontrem em bom estado físico, as autarquias locais podem conceder um crédito fiscal a potenciais inquilinos, como incentivo à instalação das suas empresas na estrutura. Outra técnica para manter a preservação de bairros ou edifícios históricos que as autarquias locais podem implementar é estabelecer uma parceria com uma organização não governamental local para criar um fundo de empréstimo rotativo (ICMA, 2003). Estes fundos podem ser iniciados através de subvenções iniciais concedidas a organizações não governamentais por doadores voluntários. À medida que o fundo cresce, os empréstimos podem ser distribuídos aos promotores imobiliários que prometem utilizar o dinheiro para manter ou reabilitar a área. Estes empréstimos com juros baixos são depois devolvidos ao fundo pelos promotores para serem utilizados em futuros projectos de preservação histórica (ICMA, 2003). A Pittsburgh History and Landmarks Foundation tem vindo a gerir um fundo de empréstimos rotativos para a preservação histórica desde a década de 1960. Ao longo das últimas décadas, a fundação tem concedido empréstimos a promotores que não só concordam em preservar o bairro histórico, como também concordam em fornecer habitação a preços acessíveis dentro do bairro (PHLF, 2006).

Os governos locais podem também reabilitar áreas ao longo das linhas de trânsito existentes para encorajar a utilização de meios de transporte públicos. Ao dar incentivos aos promotores imobiliários para concentrarem centros de restauração e entretenimento perto das paragens de trânsito, as autarquias locais podem ajudar a manter estas áreas seguras e atractivas. Os governos locais também podem usar fundos de transporte para fornecer habitação perto de estações de trânsito. O governo de San Mateo, na Califórnia, reserva 10% dos fundos de transportes que lhe são atribuídos pelo Estado como incentivo para que os promotores imobiliários construam habitações perto das estações de trânsito (Dodge, 2002). Se os promotores optarem por localizar habitações a menos de um terço de milha de uma estação de trânsito, podem receber do governo de San Mateo até $2.000 por cada quarto construído (Dodge, 2002). Durante o primeiro ciclo do programa, foram atribuídos $2,3 milhões de dólares a promotores que construíram um total de 1.282 quartos (Dodge, 2002).

Aplicáveis aos governos locais cujos municípios se situam sobre ou ao longo da água, os incentivos podem ser dados aos promotores imobiliários para encorajar a revitalização das frentes de água. A cidade de Baltimore revitalizou o seu Inner Harbor dando incentivos financeiros aos promotores para construírem um aquário, hotéis, restaurantes, lojas de retalho e um centro de convenções (ICMA, 2003). A cidade de Nova Iorque revitalizou as margens do rio Hudson, contratando promotores imobiliários para construir o Hudson River Park. O parque inclui espaços abertos, trilhos para caminhadas, trilhos para bicicletas, 13 cais públicos e várias áreas de parque (www.hudsonriverpark.org, 2006).

Para que as autarquias locais assegurem o sucesso do desenvolvimento contínuo e da reconversão das áreas existentes, devem certificar-se de que mantêm as empresas nessas áreas e tentar recrutar novas empresas que melhor complementem as competências profissionais dos residentes da área. Uma forma de as autarquias locais reterem as empresas é oferecer aos proprietários de casas incentivos para se instalarem perto dessas empresas. Este método ajuda a desencorajar as empresas de se mudarem para áreas mais populosas e ajuda a diminuir os longos tempos de deslocação que muitos residentes têm de suportar quando se deslocam das suas casas suburbanas para os locais de negócios no centro da cidade. Em parceria com o governo estadual, os governos locais de Maryland estão a testar um destes programas. Para os cidadãos interessados em fazer parte do programa, o estado de Maryland, o governo local pertinente e o empregador contribuirão, cada um, com $1.000 para um empregado que escolha viver a uma distância especificada do seu empregador, para dar entrada numa casa (Estado de Maryland, 2006). Os municípios da área metropolitana de Minneapolis/St. Paul, Minnesota, estabeleceram uma parceria para criar o Greater Minnesota Housing Fund. Se as entidades patronais da zona concordarem em fornecer aos seus empregados ajuda para o pagamento da entrada, o fundo igualará a contribuição da entidade patronal para ajudar os empregados a encontrar habitação perto do seu local de trabalho (GMHF, 2006).

As autarquias locais também podem prestar assistência aos compradores de habitação aos residentes que pretendam instalar-se em zonas urbanizadas através do seu apoio financeiro a fundos fiduciários comunitários. Contribuindo com fundos para indivíduos que pretendam tornar-se potenciais proprietários de casas, estes fundos ajudam a reduzir os encargos financeiros da propriedade de uma casa, actuando como um agente de arrendamento a longo prazo e com juros baixos. Essencialmente, estes fundos fiduciários fornecem dinheiro aos proprietários de casas durante um período de tempo predefinido para os ajudar a efetuar os pagamentos de uma casa. Inicialmente propriedade dos fundos fiduciários, estas casas são depois disponibilizadas para serem compradas pelos seus inquilinos no final do período de arrendamento (ICMA, 2001). Em muitos casos, as habitações existentes nas zonas a reabilitar tornaram-se demasiado degradadas para serem ocupadas. Para renovar essas propriedades, os governos locais podem criar programas para incentivar a renovação das casas durante o período de reabilitação. Esses programas podem ser financiados por meio de subsídios, empréstimos de baixo custo, abatimentos de impostos e programas de garantia de capital próprio (ICMA, 2001). O primeiro programa de garantia do património imobiliário foi criado na comunidade de Oak Park, Illinois, um subúrbio mais antigo de Chicago (ICMA, 2003). Este programa utilizava fundos gerados pelos impostos sobre a propriedade. Estes fundos foram depois utilizados para garantir aos proprietários de casas em zonas de reabilitação em Oak Park que a sua propriedade não perderia valor em resultado dos projectos de reabilitação (ICMA, 2003). A partir de 2003, o programa não teve de pagar uma única indemnização apresentada pelos residentes que participaram no programa (ICMA, 2003).

Mistura de usos do solo

A orientação do desenvolvimento para as áreas existentes é uma componente importante da filosofia do crescimento inteligente. No entanto, depois de um governo local ter utilizado técnicas para assegurar a futura direção do desenvolvimento e da reconversão, deve então estabelecer a forma como esses projectos de desenvolvimento serão preenchidos. O crescimento inteligente sugere que se misturem as utilizações desses projectos. As comunidades que conseguem misturar os usos do solo melhoram a qualidade de vida dos seus residentes, eliminando os tempos de deslocação de longa distância, diversificando o estilo da zona e melhorando a base comercial da zona (ICMA, 2001). Atualmente, em muitas cidades, os requisitos de zonamento mantêm as áreas residenciais afastadas das zonas comerciais, dos centros comerciais, das áreas de lazer e das escolas (ICMA, 2001). Os padrões de utilização do solo separados também criam frequentemente um desequilíbrio entre emprego e habitação numa comunidade (ICMA, 2001).

Os actuais regulamentos de zonamento podem também constituir um obstáculo para uma administração local quando tenta misturar usos do solo. Uma vez que muitos destes regulamentos são regidos pelo Estado, as autarquias locais podem ter dificuldade em efetuar alterações profundas ao seu quadro de ordenamento (ICMA, 2001). No entanto, as autarquias locais podem adotar códigos de crescimento inteligente para atuar em paralelo com a regulamentação existente em matéria de zonamento. Os códigos paralelos tornam legal o desenvolvimento de projectos de utilização mista e permitem ainda que os promotores optem por trabalhar em projectos que são regulados por códigos de ordenamento convencionais. A cidade de Fort Myers Beach, na Florida, adoptou códigos paralelos que eliminam os requisitos de recuo e de área de pátio, permitindo que os promotores utilizem métodos de construção compactos (APA, 2006).

As autarquias locais desenvolvem ou editam normalmente os seus planos globais de 5 a 10 anos (ICMA, 2003). Para aumentar a quantidade de espaço reservado para projectos de utilização mista dos solos, os governos locais podem atualizar estes planos com objectivos de utilização mista dos solos. Além disso, os governos locais podem aplicar normas de aplicação aos seus planos globais e regulamentos de zonamento para garantir que os usos do solo não são incompatíveis entre si e que são específicos da área (ICMA, 2003). Por exemplo, a cidade de Grand Rapids, Michigan, concebeu o seu Plano de Desenvolvimento Conjunto North East Beltline com normas para garantir que utilizações como a residencial, a comercial e a de escritórios mantenham uma relação funcional (ICMA, 2003).

Para além de adoptarem códigos inteligentes paralelos no seu quadro de zonamento, os governos locais podem também utilizar várias outras técnicas de zonamento para misturar usos do solo que estejam em conformidade com os princípios do crescimento inteligente. A criação de zonas de sobreposição e de zonas de desenvolvimento de unidades planeadas (PUD) permite que as autarquias locais autorizem uma aplicação especial da utilização dos solos em áreas específicas. "Um PUD também envolve a possibilidade de misturar usos do solo e tipos de habitação" (Platt, 2004:271). O objetivo destas técnicas de zoneamento é "alcançar uma maior qualidade de desenvolvimento com diversidade de usos e retenção de espaço aberto" (Platt, 2004:271). Nos casos em que as áreas se encontram em plena transição de desenvolvimento, os governos locais podem implementar o flex zoning. O flex zoning permite que os promotores alterem o tipo de utilização de um edifício sem necessitarem de obter uma variância do conselho de ajustamento do zoning local (ICMA, 2001).

Para além de códigos de zonamento ajustados, as autarquias locais podem oferecer um pacote de incentivos para encorajar os promotores que concordem em construir projectos de utilização mista em zonas de enchimento ou em zonas destinadas a requalificação. Um desses incentivos pode assumir a forma de uma parceria de investimento em acções entre uma administração local e um ou mais promotores. Por exemplo, a cidade de Albuquerque, no Novo México, era proprietária de uma parcela de terreno que pretendia transformar numa zona de entretenimento de utilização mista de nível mundial. Como proprietária do terreno, a cidade tornou-se um parceiro de investimento de capital com vários promotores. As partes concordaram em dividir os rendimentos deste investimento, devolvendo os rendimentos a curto prazo aos promotores e recompensando a cidade com os rendimentos a longo prazo (Leinberger, 2001). Outro incentivo que pode ser utilizado são as reduções fiscais. A cidade de Elgin, no Illinois, concedeu reduções fiscais aos promotores para que estes remodelassem os seus estabelecimentos comerciais em declínio situados no centro de Elgin, a fim de incentivar a construção de projectos residenciais e comerciais de utilização mista (ICMA, 2003). Desde 1999, este programa ajudou a transformar 12 locais em projectos residenciais/comerciais. Como resultado, a cidade de Elgin registou um aumento da população da sua baixa após anos de declínio (ICMA, 2003).

Há vários tipos de estruturas que são alvos privilegiados para projectos de utilização mista renovados.

Os centros comerciais antigos e os centros comerciais degradados estão frequentemente localizados em grandes parcelas de terreno. À medida que se tornam degradados e desactualizados, as autarquias locais podem registar grandes perdas de receitas fiscais, tanto na propriedade como no terreno, que poderiam ser recuperadas através da conversão das estruturas em instalações de utilização mista (ICMA, 2001). A cidade de Boca Raton, na Flórida, converteu com sucesso um grande espaço comercial em declínio, conhecido como Mizner Park, num empreendimento que consistia em lojas no rés do chão e condomínios no piso superior (ICMA, 2001). Em todo o país, há centenas de outros centros comerciais abandonados que podem ser convertidos, tal como o Mizner Park (CNU & PriceWaterhouseCoopers, 2001). Uma vez remodeladas estas áreas, é possível que outros promotores sejam incentivados a aumentar o investimento na zona circundante, o que conduzirá a maiores fluxos de receitas para as autarquias locais. Os armazéns da baixa da cidade que já não estão a ser utilizados podem também ser alvos privilegiados para projectos de utilização mista, compostos por unidades residenciais, restaurantes e estabelecimentos comerciais. As cidades também podem reabilitar parques de escritórios e outras estruturas comerciais e transformá-los em estabelecimentos de utilização mista. A cidade de Plano transformou o seu Legacy Office Park num centro urbano, adaptando o parque com lojas e apartamentos. A cidade também planeia acrescentar restaurantes e áreas de parque ao projeto num futuro próximo (ICMA, 2001).

Outra ideia interessante para as autarquias locais que tentam misturar os usos do solo nos distritos de reconversão é fazer com que os promotores criem aldeias residenciais em vez de grandes subdivisões convencionais. Em teoria, estas aldeias funcionam como pequenos bairros centrais.

Estes tipos de bairros incluem mercearias de pequena dimensão e mantêm espaços abertos para parques e outras utilizações recreativas, como parques infantis, piscinas e campos de ténis. A cidade de Columbia, Maryland, desenvolveu uma série destas aldeias ligadas por um centro de aldeia que inclui a escola do bairro e as instalações recreativas do bairro. Uma vez que nenhum residente destas aldeias vive a mais de um quilómetro do centro da cidade, os residentes podem optar por ir de carro, bicicleta ou a pé até lá (Lockwood, 2003).

Práticas de conceção para zonas de reconversão

Em conjunto com o estabelecimento de programas e políticas para controlar o crescimento dentro das áreas existentes e encorajar os promotores, através de pacotes de incentivos, a desenvolver projectos de utilização mista do solo, os governos locais que seguem a filosofia do crescimento inteligente devem conceber directrizes para abordar a dimensão, forma e estilo dos edifícios a construir. A fim de conservar o terreno para que a comunidade possa desenvolver as áreas de enchimento em todo o seu potencial, as autarquias locais podem também utilizar incentivos para os promotores que encorajam a conceção de edifícios compactos.

Uma das primeiras medidas que um governo local pode tomar para criar espaço extra é reduzir o estacionamento de superfície fora da rua. Os estacionamentos fora da rua podem consumir muitos quarteirões de terra nos bairros do centro da cidade (EPA, 1999). Substituir esses estacionamentos por estacionamentos na rua ou decks de estacionamento permite que o espaço consumido pelos antigos estacionamentos fora da rua seja reestruturado para gerar receita fiscal para a comunidade. A construção de grandes plataformas de estacionamento em vários níveis em áreas antes ocupadas por estacionamentos fora da rua pode ser um empreendimento caro, especialmente o investimento inicial. No entanto, os governos locais podem começar a recuperar essa despesa assim que o terreno poupado como resultado da substituição do lote por um deck for remodelado (EPA, 1999). Os governos locais, incapazes de pagar a construção de um parque de estacionamento, podem colocar o ónus sobre os promotores, cobrando uma taxa se o promotor se recusar a construir um parque, ou fornecendo incentivos financeiros aos promotores que optem por construir parques de estacionamento.

As autarquias locais podem implementar a utilização de bónus de densidade como incentivo para os promotores imobiliários, de modo a adequar a escala dos novos edifícios à dimensão da rua em que se situam, ou para aproximar os edifícios da linha do lote para acalmar o tráfego pedonal e tornar as deslocações a pé mais agradáveis (ICMA, 2003). Se os promotores optarem por exceder os requisitos de densidade estabelecidos pela cidade, as autarquias locais podem exigir-lhes que contribuam com um bem público. Os bónus de densidade foram utilizados na cidade de Bellevue, Washington, para garantir espaço comercial no rés do chão. A cidade de Arlington, na Virgínia, utilizou bónus para deixar espaço para espaços comerciais e residenciais perto de uma estação de transportes públicos num edifício originalmente concebido para escritórios. Como resultado, a cidade de Arlington conseguiu criar um bairro aberto 24 horas por dia, repleto de casas, escritórios, lojas e restaurantes, todos localizados perto de uma paragem de transportes públicos (ICMA, 2001).

Para tornar o centro da cidade e as zonas urbanas mais agradáveis para os peões, as autarquias locais devem tentar assegurar um acesso fácil a espaços abertos em locais compactos.

Estes podem assumir a forma de espaços verdes urbanos, parques, jardins, praças e parques infantis. Um dos objectivos da filosofia do crescimento inteligente é facilitar a possibilidade de os cidadãos se deslocarem livremente a pé para os seus destinos (SGA, 2005). Tendo isso em mente, os governos locais podem tomar medidas para atingir esse objetivo em zonas urbanas remodeladas, no centro da cidade. Equipar as ruas mais movimentadas com calçadas ajuda a manter os pedestres seguros. Os governos locais dispõem de financiamento para passeios sob a forma de subsídios ao abrigo da TEA-21, que podem ser concedidos aos promotores imobiliários (ICMA, 2001). Para garantir a segurança dos peões, os governos locais devem também encorajar os promotores a construírem canteiros centrais ajardinados entre a rua e os passeios, que funcionem como uma zona tampão para o tráfego automóvel.

O crescimento inteligente também incentiva os governos locais a reforçarem as suas comunidades, dando-lhes um sentido de lugar. Uma forma de atingir este objetivo é publicitar e identificar a comunidade com sinais visuais atractivos. A utilização de sinais visuais atractivos para definir a comunidade também ajuda a incentivar os cidadãos da comunidade a participarem em actividades comunitárias (ICMA, 2001). As autarquias locais podem identificar atracções que promovam caminhadas, interação social e oportunidades de entretenimento. Os governos locais podem conceder autorizações aos vendedores ambulantes, permitindo-lhes prestar serviços nas calçadas para acomodar os peões. Manter a comunidade atractiva, juntamente com a utilização de pistas visuais, também pode ajudar a promover a consciência comunitária, a dissuadir o crime e a melhorar o capital social (ICMA, 2003).

Preservação de espaços abertos

Antes de desenvolver novas terras, o crescimento inteligente sugere que os governos locais tomem medidas para preservar o espaço aberto. Existem várias técnicas que os governos locais podem implementar para conservar estas áreas, incluindo a Transferência de Direitos de Desenvolvimento (TDR) e a Compra de Direitos de Desenvolvimento (PDR). A TDR "procura proteger as terras naturais e os habitats, transferindo o desenvolvimento para outros locais" (Burchell et al, 2000:853).

De acordo com Platt (2004), a TDR envolve:

Separar os direitos de desenvolvimento de um sítio de preservação a ser mantido na sua condição atual e transferi-los para um sítio recetor onde seja aceitável uma densidade superior à normal. O vendedor do direito de desenvolvimento registaria uma restrição permanente ao futuro desenvolvimento, subdivisão ou alteração do local. O proprietário do sítio preservado mantém os direitos de utilização existentes e recebe uma compensação pelo valor de desenvolvimento perdido. O público garante a preservação do local sem pagar por isso e o comprador do direito de desenvolvimento obtém aprovação legal para um projeto mais rentável (271).

Os programas PDR permitem a uma unidade governamental ou a uma organização sem fins lucrativos comprar os direitos de desenvolvimento de um terreno. Com esta compra, o antigo proprietário do terreno continua a deter o título e o controlo residual do terreno. No entanto, uma vez efectuada a compra, é colocada uma servidão de conservação no terreno, garantindo a sua utilização contínua como terra agrícola ou espaço aberto (Burchell et al., 2000).

Para além da utilização de TDR e PDR, existem outras opções que os governos locais podem explorar para facilitar a aquisição de espaços abertos. O Programa de Espaços Abertos de Maryland fornece aos seus municípios 100% do financiamento necessário para a aquisição de espaços abertos (Estado de Maryland, 2006). Além disso, o programa fornece 75% do financiamento necessário aos seus municípios para a manutenção dos parques locais (Estado de Maryland, 2006). Atualmente, mais de 2.800 projectos locais foram financiados pelo programa (Estado de Maryland, 2006). Outras medidas que os governos locais podem tomar para preservar o espaço aberto incluem permitir que os fundos de conservação concorram entre si, associar os planos de conservação locais aos planos de transporte locais e estabelecer parcerias com organizações não governamentais para adquirir e proteger áreas de espaço aberto seleccionadas (ICMA, 2003). Uma vez que o espaço aberto selecionado tenha sido adquirido e preservado, é também da responsabilidade dos governos locais proteger as fontes de água potável. Isto pode ser conseguido protegendo os terrenos a montante destas fontes de vários contaminantes e poluentes através da construção de barreiras de escoamento (ICMA, 2001).

Existem também várias técnicas de zonamento que os governos locais podem empregar para ajudar a preservar o espaço aberto e direcionar o desenvolvimento para áreas designadas pré-estabelecidas. Um desses instrumentos é o zonamento de desenvolvimento de agrupamentos. De acordo com Burchell et al (2000), "o desenvolvimento de agrupamentos tem como objetivo intensificar os efeitos do espaço aberto localizado. Concentra o desenvolvimento numa área, preservando as restantes secções do terreno como espaço aberto" (851).

Escolhas e oportunidades de habitação

O crescimento inteligente incentiva os governos locais a permitir que todos os seus cidadãos partilhem os benefícios da comunidade. Uma forma de os governos locais atingirem este objetivo é garantir que as oportunidades de habitação em toda a comunidade estão disponíveis para agregados familiares de todos os níveis de rendimento (SGA, 2005). Os governos locais podem implementar dois tipos de ferramentas de zoneamento, agilizar o processo de desenvolvimento e fornecer uma série de incentivos financeiros para garantir moradia adequada para todos.

As leis de zoneamento inclusivo exigem que uma parte de cada novo empreendimento habitacional, além de um determinado limite, seja oferecida a um preço acessível aos moradores de renda baixa a moderada. O Programa de Unidades de Habitação a Preços Moderados do Condado de Montgomery, Maryland, criou mais de 10.000 unidades de habitação a preços acessíveis desde 1974 (ICMA, 2001). O programa de Maryland prevê que 12,5 a 15% de todas as unidades construídas em empreendimentos habitacionais com mais de 50 unidades sejam reservadas para famílias de renda moderada que ganham cerca de 60% da renda média do condado (ICMA, 2001). Estas unidades podem ser compradas pelos residentes ou vendidas a grupos sem fins lucrativos que as alugam a agregados familiares que cumpram os critérios estabelecidos. Os decretos de zonamento de incentivo incluem estipulações que incluem a isenção de taxas de impacto e dão prioridade a programas de crescimento inteligente através da atribuição de habitação e de fundos federais de subsídios de blocos de desenvolvimento comunitário (Morris, 2000).

Os governos locais também podem simplificar o processo de análise dos projectos quando estes incluem unidades de habitação a preços acessíveis ou conceder uma aprovação global a projectos que incluam unidades de habitação a preços acessíveis (ICMA, 2003). Além disso, os governos locais podem usar incentivos financeiros, como abatimentos de impostos, para encorajar os promotores a produzir unidades habitacionais a preços acessíveis. A cidade de Olympia, Washington, utiliza uma técnica de redução de impostos através do seu Programa de Isenção de Impostos sobre Imóveis. Se os promotores concordarem em construir pelo menos 4 unidades de habitação multifamiliar no seu empreendimento numa área de reabilitação especificada pela cidade, podem ficar isentos dos impostos sobre a propriedade de todo o empreendimento durante um período de dez anos (City of Olympia, 2006).

Conceção tradicional de bairro

Ao desenvolver novos bairros, o crescimento inteligente sugere que os governos locais contratem promotores que implementem técnicas tradicionais de desenho de bairros (SGA, 2005). Os padrões tradicionais de desenho de bairros incluem características como centros e bordas bem definidos, quarteirões curtos, ruas estreitas, canteiros centrais ajardinados, calçadas, círculos de tráfego em vez de semáforos, lombadas e uma diversidade de tipos e estilos de habitação (ICMA, 2001).

Possivelmente, o grupo mais predominante da escola tradicional de projeto de bairros são os "Novos Urbanistas". O movimento "New Urbanist" incorpora muitos objectivos da filosofia de crescimento inteligente nas suas técnicas de desenho, empregando estratégias para assegurar que os seus "bairros são diversificados, compactos, de uso misto, orientados para os peões e amigos do trânsito" (Bohl, 2000:762). Alguns exemplos de comunidades New Urbanist incluem Seaside e Celebration na Florida, Mount Laurel e Ross Bridge no Alabama, e Kentlands em Maryland. Conforme citado em Bohl (2000), de acordo com Leccese e McCormick (2000), "o Novo Urbanismo aspira a fornecer uma alternativa à expansão suburbana, revitalizando as vilas e cidades existentes de uma forma consistente com o urbanismo tradicional" (765). O bairro New Urbanist foi concebido para manter a sensação urbana tradicional, de modo a que qualquer um dos seus residentes possa deslocar-se a pé para o centro do bairro num espaço de 5 a 10 minutos (Bohl, 2000). Os Novos Urbanistas querem criar "comunidades que podem ser percorridas a pé" (ICMA, 2001). O objetivo é ligar tudo, tornando os tempos de condução mais curtos, mas, mais importante, dando às pessoas a opção de caminhar até aos seus destinos (ICMA, 2001). A filosofia New Urbanist "reconhece que os ideais de planeamento físico têm um significado e uma importância mais profundos do que apenas uma arquitetura interessante e uma boa conceção do local" (Talen, 2002:184). Barnett (2000) considera que o Novo Urbanismo é único porque tenta resolver problemas sociais e ambientais. De acordo com a carta do Congresso para o Novo Urbanismo, os princípios de design do movimento Novo Urbanista tentam alcançar três objectivos sociais: comunidade, equidade social e o bem comum (Talen, 2002). Alguns críticos (Silver, 1985; Banerjee & Baer, 1984) discordam da afirmação de que os princípios de conceção podem reforçar uma comunidade, proporcionar equidade social ou melhorar o bem comum. No entanto, Talen (2002) afirma que diversos grupos próximos podem encontrar um laço comum, partilhar interesses comuns e reforçar o aspeto comunitário. Talen (2000) também afirma a noção de que os bairros compactos, de utilização mista e orientados para o trânsito ajudam a promover a equidade social, proporcionando aos seus residentes um melhor acesso a bens públicos e a alojamentos privados. Além disso, a mistura de unidades habitacionais por níveis de rendimento "é uma das únicas formas de os planeadores poderem ter um efeito na limitação das concentrações de pobreza e permite [aos governos] distribuir recursos de uma forma geograficamente equitativa" (Talen, 2002:181).

Os bairros neo-urbanistas têm sido criticados por apelarem às preferências habitacionais das classes média e alta, em vez de apelarem às preferências das famílias com rendimentos baixos a moderados (Pyatok, 2000). No entanto, os proponentes do Novo Urbanismo argumentam que este apelo está relacionado com as exigências do mercado, culpando o mercado em vez do projeto.

"O Novo Urbanismo é regularmente criticado por ser incomportável para as famílias de rendimentos médios e baixos. O exemplo favorito é Seaside, na Florida, que representou a primeira implementação em grande escala dos conceitos do Novo Urbanismo. Embora a cidade se tenha transformado numa estância turística de preços elevados para os ricos, este facto foi função do mercado imobiliário e não do custo do desenho urbano subjacente" (Bohl, 2000:782).

Rybczynski (1993) afirma que "estes argumentos evocam a visão puritana de que a habitação social não deve ser extravagante" (83). De facto, o Departamento de Habitação e Desenvolvimento implementou a utilização de novas técnicas urbanísticas na construção de unidades habitacionais no âmbito dos seus projectos HOPE VI (Bohl, 2000). Se os governos locais puderem empregar algumas das técnicas de política utilizadas para garantir a disponibilidade de unidades de habitação a preços acessíveis discutidas na secção anterior, é possível que estas tendências do mercado possam ser eliminadas.

Transporte

A filosofia do crescimento inteligente incentiva os governos locais a proporcionar às suas comunidades acesso a muitos meios de transporte. Embora o crescimento inteligente pressuponha o uso contínuo do automóvel como principal meio de transporte dos cidadãos, também reconhece a necessidade de os governos locais financiarem alternativas de transporte multimodais (SGA, 2005). Louis, Denver, Portland, Dallas, Baltimore, Los Angeles e Memphis já implementaram sistemas de metro ligeiro como meio de transporte público (Burchell et al, 2000). Estes sistemas são menos dispendiosos do que os sistemas tradicionais de comboio e metro, e podem ser considerados como o trólei moderno ou o carro de rua (Burchell et al, 2000).

Outra alternativa de transporte coletivo que está a ganhar popularidade é o Bus Rapid Transit (BRT). O Bus Rapid Transit (BRT) é essencialmente um autocarro que funciona a velocidades semelhantes às de um monocarril e pode ser construído para funcionar em infra-estruturas como as auto-estradas interestaduais e as auto-estradas já existentes. De acordo com o Gabinete Geral de Contabilidade do Governo dos Estados Unidos, a construção do BRT é mais de 300% mais barata do que a dos sistemas de trânsito ligeiro sobre carris. De facto, o custo médio por milha de um BRT situa-se entre 10 e 15 milhões de dólares por milha (GAO, 2001). Além disso, em vez de terem trajectos fixos como os sistemas de metropolitano ligeiro, os BRT são flexíveis e podem ser desviados periodicamente para se adaptarem a padrões de tráfego variáveis. Além disso, as velocidades médias constantes dos BRT são de 30 milhas por hora, em comparação com a média de 10-15 milhas por hora alcançada pelos sistemas de metro ligeiro (GAO, 2001).

Para além destas formas de sistemas de transporte de massas, os governos locais podem implementar programas que ajudem a acalmar o tráfego automóvel e, simultaneamente, ajudem o ambiente, reduzindo a quantidade de poluentes que os automóveis emitem. Os governos locais podem incentivar a partilha de automóveis criando faixas HOT disponíveis apenas para os automóveis com dois ou mais passageiros. Podem também implementar a utilização de taxas de portagem variáveis como incentivo para os cidadãos que utilizam o pool automóvel (ICMA, 2003).

Síntese

O crescimento inteligente ainda está a dar os primeiros passos. O capítulo anterior identificou muitos mecanismos de política que os governos locais podem implementar para começar a alcançar o crescimento inteligente, e há certamente muitos outros mecanismos que ainda não foram testados. No entanto, a filosofia do crescimento inteligente é adaptável e continuará a evoluir para se tornar um guia de planeamento ainda mais eficaz. Embora a utilização de técnicas de crescimento inteligente possa ajudar as autarquias locais a atacar os problemas causados por décadas de padrões de desenvolvimento alastrante, o êxito dessas técnicas não pode ser plenamente alcançado sem um esforço honesto das autarquias locais para incluir e incentivar o público no processo de desenvolvimento. É importante notar que o principal objetivo da filosofia do crescimento inteligente é melhorar a qualidade de vida de todos. Assim, antes de avançar com qualquer plano de crescimento inteligente, os governos locais devem envolver os seus cidadãos para melhor compreenderem e identificarem os problemas que pretendem resolver.

CONCLUSÃO

Chegou o momento de mudar de padrões de desenvolvimento em expansão para políticas concebidas de acordo com uma agenda de crescimento inteligente. Nos próximos anos, os ninhos vazios da geração "baby boom", os imigrantes de todo o mundo e os novos jovens profissionais procurarão instalar-se em cidades centrais que ofereçam uma vasta gama de actividades culturais e um forte sentido de comunidade (Burchell et al., 2000). Os grupos minoritários, muitos dos quais tiveram oportunidades educativas e económicas limitadas, deslocar-se-ão para os subúrbios em busca dos benefícios de melhores escolas e empregos (Burchell et al., 2000). Ao mesmo tempo, estão a surgir muitos grupos que se opõem à expansão urbana. As empresas que procuram alargar a sua base de emprego, os defensores da preservação histórica, os residentes da classe trabalhadora dos subúrbios mais interiores, os defensores da reforma escolar, as organizações a favor de uma boa governação e as mães de família que procuram reduzir os seus tempos de deslocação são todos defensores do planeamento do crescimento inteligente. No entanto, estes grupos têm de se unir num lóbi para exercerem pressão e influência suficientes sobre os responsáveis governamentais, de modo a que os problemas resultantes da expansão urbana possam receber a máxima prioridade.

A barreira que pode ser a mais difícil de ultrapassar é o conflito inerente entre os cidadãos quanto ao significado de liberdade. Enquanto algumas pessoas defendem que a liberdade deve ser definida como a possibilidade de trabalhar e divertir-se sem restrições governamentais, outras podem sugerir que a filosofia do crescimento inteligente restringe os ideais libertários em que este país foi fundado, limitando a capacidade de uma pessoa viver onde quer e desenvolver-se como quer. Existe também um conflito na sociedade entre as economias de mercado livre e a equidade social. Os opositores ao crescimento inteligente podem argumentar que as tácticas de inclusão da habitação são hipócritas tanto para a democracia como para as preferências de mercado dos cidadãos.

Outro conflito prevalecente na sociedade americana é a batalha entre o melhoramento do agregado familiar individual e o melhoramento do bem comum. Dado que o bem comum é um termo difícil de definir, juntamente com os resultados tangíveis da melhoria económica das famílias individuais, o conceito de planeamento para melhorar o bem comum pode ser difícil de compreender para muitos. Embora os defensores do crescimento inteligente argumentem que a melhoria do bem comum conduzirá a melhores oportunidades económicas para todos, a complexidade do conceito e a incapacidade de obter recompensas imediatas tornam o processo difícil de vender aos cidadãos.

Não é provável que a maioria das pessoas se oponha aos resultados prometidos pela filosofia do crescimento inteligente, mas, em muitas comunidades, o início do processo exigirá uma mudança de mentalidade orientada por valores. É fácil para as pessoas chegarem a um consenso sobre o que deve acontecer, mas é cada vez mais difícil convencer essas mesmas pessoas a concretizarem-no. Por exemplo, muitos funcionários eleitos preferem estratégias tradicionais de desenvolvimento económico, como o recrutamento de filiais e o desenvolvimento de parques de diversões, porque proporcionam aos seus círculos eleitorais resultados facilmente identificáveis e a curto prazo. Vivem de acordo com o lema "atirar em tudo o que voa, reclamar tudo o que cai", porque querem manter-se no poder. Embora estas estratégias sejam, de facto, antitéticas à nova economia de mercado global (as fábricas mantêm os salários baixos e eliminam os incentivos para que as pessoas procurem melhores oportunidades de educação), agradam aos eleitores e permitem que os funcionários se mantenham no cargo.

É por isso que defendo vivamente a mudança de funcionários eleitos para uma gestão profissional da administração local. Os gestores profissionais ajudam as comunidades a reduzir ou eliminar o dilema político que os funcionários eleitos enfrentam quando determinam a direção dos objectivos de planeamento futuro e as estratégias de desenvolvimento económico.

Outro obstáculo a uma reforma abrangente e generalizada do crescimento inteligente é a vontade das legislaturas estaduais de adotar ou prosseguir agendas de crescimento inteligente. Tal como referido no relatório de 2002 da Associação Americana de Planeamento intitulado "*Planning for Smart Growth: 2002 State of the States*", apenas um quarto dos estados (DE, FL, GA, MD, NJ, OR, PA, RI, TN, VT, WA, WI) está a implementar "reformas moderadas a substanciais no planeamento do crescimento inteligente a nível estadual". Além disso, cerca de 20% dos estados (AZ, CA, HA, ME, NE, NH, NY, TX, VA) "estão a procurar alterações a nível estadual que reforcem os requisitos de planeamento local para incluir técnicas de crescimento inteligente" (APA 2002). Além disso, um terço dos estados (AR, CO, CT, ID, IL, IA, KY, MA, MI, MN, MS, MO, NM, NC, SC) estão agora a começar a realizar as suas primeiras grandes reformas de planeamento para políticas de crescimento inteligente (APA 2002). Por último, um quarto dos Estados (AL, AK, IN, KS, LA, MT, NE,

ND, OH, OK, SD, WV, WY) não está a proceder a uma reforma do planeamento do crescimento inteligente a nível estatal (APA 2002).

Por conseguinte, em pelo menos 25% dos Estados, as localidades estão a implementar iniciativas de crescimento inteligente sem qualquer orientação a nível estatal. Também é interessante notar que a maioria dos Estados que já implementaram políticas de crescimento inteligente a nível estatal tendem a ser mais liberais ou a ter grandes concentrações populacionais (Howell-Moroney, 2006). Embora a APA (2002) afirme que a adoção do crescimento inteligente a nível estatal tem sido bipartidária, os Estados que adoptam planos abrangentes de crescimento inteligente tendem a ser aqueles cujos cidadãos mostram um apoio maioritário ao Partido Democrata.

O governo federal só recentemente começou a adotar políticas que ajudam os governos estaduais e locais que desejam implementar agendas de crescimento inteligente. A Agenda para a Habitabilidade de 1999 disponibiliza verbas aos governos locais para projectos de crescimento inteligente, mas as suas directrizes são amplas e não apoiam um conjunto específico de mecanismos políticos. Na última década, o Departamento de Habitação e Desenvolvimento criou empreendimentos habitacionais de rendimento misto através do projeto HOPE VI, mas os seus êxitos ainda não são totalmente mensuráveis. As anteriores tentativas do governo federal de reduzir a expansão urbana restringindo a utilização de automóveis através de legislação como a Lei do Ar Limpo de 1990 foram efetivamente anuladas devido às forças impostas pelas tendências do mercado (Burchell et al., 2000). De facto, as tendências do mercado podem ser o principal obstáculo ao crescimento inteligente. Durante a última década, a partilha de automóveis diminuiu 30%, 80% dos trabalhadores deslocam-se agora sozinhos para o trabalho de carro e a procura de garagens para vários carros disparou (Burchell et al., 2000). Os líderes locais têm sido cautelosos em contrariar as tendências do mercado e têm, na sua maioria, permanecido em silêncio. Uma das barreiras de mercado que restringe a implementação de reformas mais abrangentes de crescimento inteligente é a preocupação com a capacidade dos promotores de financiar empreendimentos habitacionais que incluam unidades de habitação a preços acessíveis. Segundo Gyourko e Rybczynski (2000), "a perceção de risco relativamente elevado para estes projectos impõe taxas de retorno relativamente elevadas, o que, por sua vez, exige que estes projectos gerem rapidamente fluxos de caixa para serem financeiramente atractivos para os investidores" (733). Os bancos e outros investidores mostram-se relutantes em financiar estes projectos, a menos que o promotor seja uma grande empresa com activos consideráveis. Por conseguinte, este tipo de empresas parece mais disposto a desenvolver projectos como os bairros em grande escala que têm vindo a gerar lucros de forma consistente.

No entanto, tendo em conta estes obstáculos, os eleitores estão a aprovar de forma esmagadora as medidas de crescimento inteligente a nível local. De acordo com Burchell et al. (2000), cerca de 75% das mais de 500 iniciativas locais de crescimento inteligente foram aprovadas nas eleições de 2000. Embora os planos de crescimento inteligente estejam a ser implementados em todas as regiões do país, a utilização mais comum das técnicas de crescimento inteligente tem-se concentrado nas comunidades do Noroeste do Pacífico e nas comunidades altamente povoadas ao longo da Costa Leste. Poucas comunidades adoptaram programas de crescimento inteligente em grande escala. Há uma série de grandes cidades e áreas metropolitanas espalhadas pelos Estados Unidos que se concentram em melhorar e reorientar os seus sistemas de transportes públicos, e numerosas cidades mais antigas em todo o país estão a participar em programas de reabilitação de zonas industriais abandonadas. No entanto, muitas comunidades estão agora a começar a criar zonas e a construir empreendimentos de utilização mista dos solos.

Embora não haja muitos opositores vocais ao crescimento inteligente, a voz do movimento a favor do crescimento inteligente pode ser demasiado ampla para atrair o apoio de todos. A menos que se organize um movimento concertado capaz de persuadir o público a inverter as barreiras e tendências acima referidas, a adoção generalizada de agendas políticas abrangentes de crescimento inteligente continuará a ser um processo lento. A adoção fragmentada de políticas de crescimento inteligente pelos governos locais não resolverá os problemas resultantes da expansão urbana. A implementação de uma pequena seleção de mecanismos de políticas de crescimento inteligente pode, na verdade, servir para criar ou intensificar esses problemas. As autarquias locais devem também ter o cuidado de começar por aplicar políticas que impeçam uma maior expansão, para depois avançarem com uma agenda que tente resolver os problemas criados por essa expansão.

Para que o movimento do crescimento inteligente ganhe força, os governos locais têm de liderar o processo. Até à data, tem havido pouco consenso entre os municípios da área metropolitana para desenvolver estratégias de crescimento inteligente de dentro para fora a nível metropolitano. Uma vez que cada município tem os seus próprios interesses separados, tem sido difícil conseguir que as localidades metropolitanas trabalhem em conjunto. No entanto, no jogo de soma zero da competição pelo desenvolvimento económico entre municípios, os governos locais têm o incentivo de trabalhar em conjunto para reforçar o desempenho económico da região como um todo e para aumentar a qualidade de vida de todos os seus cidadãos em toda a região. Para que isso aconteça, as jurisdições locais precisam de líderes fortes e profissionais que defendam a causa do crescimento inteligente.

REFERÊNCIAS

Abbott, C. (2002). Sprawl, Concentration of Poverty, and Urban Inequality (Expansão, Concentração da Pobreza e Desigualdade Urbana). Em G. Squires (Ed.), *Urban Sprawl: Causes, Consequences, and Policy Responses.*

(pp. 207-235). Washington, DC: The Urban Institute Press.

Associação Americana de Planeamento (2002). Planning for Smart Growth: 2002 State of The States. Em *Smart Growth Shareware.* (2005). [CD-ROM]. Washington, DC: SmartGrowthAmerica.

Associação Americana de Planeamento (2006). *Model Smart Growth Codes.* Recuperado em 11 de outubro de 2006, de www.planning.org/plnginfo/GROWSMAR/gsindex. html.

Banerjee, T. & Baer, W. (1984). Beyond the Neighborhood Unit: Residential Environments and Public Policy. New York: Plenum.

Barnett, J. (2000). O que há de novo no novo urbanismo? Em M. Leccese & K. McCormick (Eds.) *Charter of the New Urbanism.* (pp. 5-11). New York: McGraw-Hill.

Projeto BioDiversidade (2001). Sprawl Is. Em *Smart Growth Shareware.* (2005). [CD-ROM]. Washington, DC: SmartGrowthAmerica.

Bollinger, C., Berger, M., & E. Thompson. (2001). Smart Growth and the Costs of Sprawl in Kentucky: Phase I & II. Lexington, KY: University of Kentucky Centerfor   Business and Economic Research.

Bohl, C. (2000). New Urbanism and the City: Potential Applications and Implications for Distressed Inner-City Neighborhoods. *Housing Policy Debate, 11(4}*, 761801.

Instituto Brookings (2004). Investing in a Better Future: A Review of the Fiscal and Competitive Advantages of Smarter Growth Development Patterns". Em *Smart Growth Shareware.* (2005). [CD-ROM]. Washington, DC: SmartGrowthAmerica.

Burchell, R. (1992). *Impact Assessment of the New Jersey Interim State Development And Redevelopment Plan-Executive Summary [Avaliação de Impacto do Plano Provisório de Desenvolvimento e Reconstrução do Estado de Nova Jersey - Resumo Executivo].* Recuperado em 12 de setembro de 2006, de www.nj.gov/dca/osg/docs/iaexecsumm022892.pdf.

Burchell, R, & Outros. (1998). The Costs of Sprawl-Revisited. Washington, DC: National Academy Press.

Burchell, R., Listokin, D., & Galley, C. (2000). Crescimento inteligente: More Than a Ghost of

O passado da política urbana, menos do que um novo horizonte arrojado. *Housing Policy Debate, 11(4}:* 821-879.

Burchell, R., & outros. (2002). The Costs of Sprawl-2000. Washington, DC: National Academy Press.

Carlino, G. (2001). *Knowledge Spillovers: O papel das cidades na nova economia.* Obtido em 12 de setembro de 2006, em www.phil.frb.org/files/br/brq401gc.pdf.

Centro de Tecnologia de Vizinhança e Projeto de Transportes Tecnológicos de Superfície. (2000). Driven to Spend. Em *Smart Growth Shareware.* (2005). [CD-ROM]. Washington, DC: SmartGrowthAmerica.

Cervero, R. (2000). <u>Urbanização eficiente: Economic Performance and the Shape of the Metropolis</u>. Instituto Lincoln de Política Fundiária.

Ciccone, A., & Hall, E. (1996). Productivity and the Density of Economic Activity. *American Economic Review,* 86(1): 54-70.

Cidade de Olympia, Washington. (2006). *Programa de isenção de impostos sobre a propriedade.* Recuperado em 16 de setembro de 2006, de www.ci.olympia.wa.us.

Congresso para o Novo Urbanismo e PricewaterhouseCoopers. (2001). <u>Greyfields into Goldfields: From Failing Shopping Centers to Great Neighborhoods</u>. São Francisco: Congresso para o Novo Urbanismo.

Dodge, S. (2002). *Organizar com o Estado do seu lado.* Recuperado em 5 de outubro de 2006, de www.nhi.org/online/issues.

Duncan, J., & outros. (1989). <u>The Search for Efficient Urban Growth Patterns: A Study of the Fiscal Impacts of Development in Florida</u>. Tallahassee, FL: Gabinete de Avaliação Tecnológica.

Agência de Proteção do Ambiente. (1999). *Parking Alternatives.* Recuperado em 11 de outubro de 2006, de www.epa.gov/smartgrowth/publications.

Ewing, R., Pendall, R., & Chen, D. (2003). Measuring Sprawl and Its Impact. Em *Smart Growth Shareware.* (2005). [CD-ROM]. Washington, DC: SmartGrowthAmerica.

Ewing, R. & Kostyack, J. (2005). *Endangered by Sprawl.* Recuperado em 7 de janeiro de 2007, de www.smartgrowthamerica.org/ebsreport/EndangeredbySprawl.pdf. Maior

Fundo de Habitação do Minnesota. (2006). *Informações gerais.* Recuperado em 28 de setembro de 2006, de www.gmhf.com.

Gyourko, J. & Rybczynski, W. (2000). Financiamento de projectos de novo urbanismo: Obstáculos e soluções. *Housing Policy Debate, 11*(3): 733-750.

Hall, J. (2006). Estratégias de desenvolvimento económico para a nova economia. Obtido em 11 de outubro de 2006 em www.homepage.dpo.uab/~jlhall3/courses/mpa691.html.

Harvard Joint Center for Housing Studies. (1999). The State of the Nation's Housing: 1999. Cambridge, MA: Harvard University Press.

Helling, A. (2002). Transportation, Land Use, and the Impacts of Sprawl on Poor Children and Families [Transportes, Utilização do Solo e os Impactos da Expansão nas Crianças e Famílias Pobres]. Em G. Squires (Ed.) *Urban Sprawl: Causes, Consequences, and Policy Responses.* (pp. 119-140). Washington, DC: The Urban Institute Press.

Howell-Moroney, M. (2006). A Description and Exploration of Recent StateLed Smart Growth Efforts [Descrição e exploração dos recentes esforços de crescimento inteligente liderados pelo Estado]. *Não publicado.*

Projeto do Rio Hudson (2006). *Informações gerais.* Recuperado em 7 de janeiro de 2007, de www.hudsonriverproject.org.

Associação Internacional de Gestão de Cidades. (2001). Getting to Smart Growth. Em *Smart Growth Shareware.* (2005). [CD-ROM]. Washington, DC: SmartGrowth America.

Associação Internacional de Gestão de Cidades. (2003). Getting to Smart Growth 2. Em *Shareware do Crescimento Inteligente.* (2005). [CD-ROM]. Washington, DC: SmartGrowth America.

Instituto de Normas de Transporte. (1995). Health Effects of Motor Vehicle Air Pollution (Efeitos na saúde da poluição atmosférica causada por veículos a motor). Davis, CA: University of California Davis Press.

Jackson. K. (1985). Crabgrass Frontier: The Suburbanization of the United States. Nova Iorque, NY, Oxford University Press.

Jargowsky, P. (2002). Sprawl, Concentration of Poverty, and Urban Inequality (Expansão, Concentração da Pobreza e Desigualdade Urbana). Em G. Squires (Ed.). *Urban Sprawl: Causes, Consequences, and Policy Responses.* (pp. 3972). Washington, DC: The Urban Institute Press.

Ladd, H. (1994). Fiscal Impacts of Local Population Growth (Impacto Fiscal do

Crescimento da População Local): A Conceptual and Empirical Analysis. *Regional Science and Urban Economics, 24:* 661-686.

Leccese, M. & McCormick, K. (2000). Carta do Novo Urbanismo. New York: McGraw-Hill.

Leinberger, C. (2001). *Financing Progressive Development (Financiamento do desenvolvimento progressivo).* Recuperado em 7 de janeiro de 2007, de www.brookings.edu/cs/urban/capitalxchange/article3.html.

Lockwood, C. (2003). Raising the Bar: Towncenters are Outperforming Traditional Suburban Real Estate Products". *Urban Land Magazine, Fev. 2003.*

Morris, M. (2000). Incentive Zoning: Meeting Urban Design and Affordable Housing Objectives. Associação Americana de Planeamento.

Campanha Nacional de Propriedades devolutas. (2005). Propriedades vagas: The True Cost to Communities. Em *Smart Growth Shareware.* (2005). [CD-ROM]. Washington, DC: SmartGrowthAmerica.

Nelson, A. & Peterman, D. (2000). Does Growth Management Matter: The Effect of Growth Management on Economic Performance. *Journal of Planning Education and Research* 19: 277-285.

Orfield, M. (2002). American Metropolitics. Washington, DC, Brookings Institute Press.

Orfield, G.& Yun, J. (1999). Resegregation in America's Schools. Cambridge, MA, The Civil Rights Project.

Peirce, N. (2000). Sprawl Ties with Crime as Community Concern". *Oregonian,* 5 de março.

Platt, R. (2004). Land Use and Society: Geography, Law, and Public Policy. Washington, DC: Island Press.

Pittsburgh History and Landmarks Foundation. (2006). *Informações gerais.* Recuperado em 11 de outubro de 2006, de www.phlf.org.

Porter, D. (1999). Whither Eastward Ho! Instituto de Gestão do Crescimento.

Pyatok, M. (2000). Martha Stewart vs. Studs Terkel? New Urbanism and Inner City Neighborhoods That Work. *Places,* 13: 40-43.

Real Estate Research Corporation. (1974). The Costs of Sprawl: Environmental and Economic Costs of Alternative Residential Development Patterns at the Urban Fringe.

Rybczynski, W. (1993). Bauhaus Blunders: Architecture and Public Housing.

PublicInterest   , 93: 82-90.

Savitch, H. (2002). Encourage Then Cope: Washington and the Sprawl Machine. Em G. Squires (Ed.), *Urban Sprawl: Causes, Consequences, and Policy Responses*. (pp. 141-164). Washington, DC: The Urban Institute Press.

Shobba, S., O'Fallon, L., & A. Dearry (2003). Creating Healthy Communities, Healthy Homes, Healthy People: Initiating a Research Agenda on the Built Environment And Public Health (Iniciar uma agenda de investigação sobre o ambiente construído e a saúde pública). *American Journal of Public Health*, 93: 1446-1450.

Silver, C. (1985). Neighborhood Planning in Historical Perspective (Planeamento de Bairros em Perspetiva Histórica). *Journal of the American Planning Association, 51*(2): 161 -174.

Simons, R. (1996). <u>Brownfields Supply and Demand Analysis for Great Lakes Cities</u>. Agência de Proteção Ambiental.

SmartGrowthAmerica (2005). Introdução ao Crescimento Inteligente. Em *Smart Growth Shareware*. (2005). [CD-ROM]. Washington, DC: SmartGrowthAmerica.

SmartGrowthAmerica (2006). *Tenets of Smart Growth [Princípios do Crescimento Inteligente]*. Obtido em 2 de setembro de 2006, em www.smartgrowthamerica.org.

Squires, G. (2002). Urban Sprawl and the Uneven Development of MetropolitanAmerica   . Em G. Squires (Ed.). *Urban Sprawl: Causes,*

Consequências e respostas políticas. (pp. 1-22). Washington, DC: The Urban Institute Press. Estado de Maryland (2006). *Smart Growth Programs [Programas de Crescimento Inteligente]*. Recuperado em 22 de setembro de 2006, de www.op.state.md.us.

Talen, E. (2002). Os Objectivos Sociais do Novo Urbanismo. *Housing Policy Debate, 13(3):* 165-185.

Toulan, N. (1994). Housing as a State Planning Goal. <u>Planning the Oregonian Way</u>. Corvallis, OR, Oregon State University Press: 91-120.

Programa de Investigação Cooperativa sobre Trânsito (2000). Costs of Sprawl. Em *Smart Growth Shareware*. (2005). [CD-ROM]. Washington, DC: SmartGrowthAmerica.

Urban Land Institute (1999). Crescimento inteligente: Myth and Fact. Em *Smart Growth*

Shareware. (2005). [CD-ROM]. Washington, DC: SmartGrowthAmerica.
United States Census Bureau (1996). Resident Populations of the United States: Middle Series, 1996-2050. Washington, DC: Departamento de Comércio dos Estados Unidos.

United States General Accounting Office. (2001). Mass Transit: Bus Rapid Transit Shows Promise. GAO-01-984. setembro.

Woods e Poole Economics (1999). <u>Fonte completa de dados económicos e demográficos (CEDDS) Vol. 1</u>. Washington, DC.

Printed by Books on Demand GmbH, Norderstedt / Germany